潮州文化丛书·第一辑

《潮州文化丛书》编纂委员会 编

潮派建筑

李仲昕 编著

SPM 南方传媒 广东人民出版社

·广州·

图书在版编目（CIP）数据

潮派建筑 / 李仲昕编著. —广州：广东人民出版社，2021.7
（2023.6重印）
（潮州文化丛书·第一辑）
ISBN 978-7-218-14806-9

Ⅰ.①潮…　Ⅱ.①李…　Ⅲ.①古建筑—建筑艺术—潮州
Ⅳ.①TU-092.2

中国版本图书馆CIP数据核字（2020）第257656号

封面题字：汪德龙

CHAOPAI JIANZHU

潮派建筑

李仲昕　编著

版权所有　翻印必究

出 版 人：肖风华

出版统筹：卢雪华
责任编辑：廖智聪
封面设计：书窗设计工作室
版式设计：友间文化
责任技编：吴彦斌　周星奎

出版发行：广东人民出版社
地　　址：广州市越秀区大沙头四马路10号（邮政编码：510199）
电　　话：（020）85716809（总编室）
传　　真：（020）83289585
网　　址：http://www.gdpph.com
印　　刷：广州市人杰彩印厂
开　　本：787mm×1092mm　1/16
印　　张：11.5　字　数：110千
版　　次：2021年7月第1版
印　　次：2023年6月第2次印刷
定　　价：58.00元

如发现印装质量问题，影响阅读，请与出版社（020-85716849）联系调换。
售书热线：020-85716833

总序

坚定文化自信
打造沿海经济带上的特色精品城市

◎ 李雅林

　　文化是民族的血脉，是人民的精神家园。2020年10月12日，习近平总书记视察潮州，指出："潮州是一座有着悠久历史的文化名城，潮州文化是岭南文化的重要组成部分，是中华文化的重要支脉。"千百年来，这座古城一直是历代郡、州、路、府治所，是古代海上丝绸之路的重要节点，是世界潮人根祖地和精神家园。它文化底蕴深厚，历史遗存众多，民间艺术灿烂多姿，古城风貌保留完整，虽历经岁月变迁王朝更迭，至今仍浓缩凝聚历朝文脉而未绝，特别是以潮州府城为中心的众多文化印记，诉说着潮州悠久的历史文化，刻录下潮州的发展变迁，彰显了潮州的文明进步。

　　灿烂的岁月，簇拥着古城潮州进入一个新的历史发展时期。改革大潮使历史的航船驶向一个更加辉煌的世纪。习近平总书记强调，文化自信是更基础、更广泛、更深厚的自信，是更基本、更深沉、更持久的力量。坚定中国特色社会主义道路自信、理论自信、制度自信，说到底是要坚定文化自信。党的十九大向全党全国人民发出了"坚定文化自信，推动社会主义文化繁荣兴盛"的伟大号召，开启了新时代中国走向社会主义文化强国的新征程。潮州市委、市政府认真按照省委"1+1+9"工作部署和关于"打造沿海经济带上的特色精品城市"的发展定位，趁势而为，坚持走"特、精、融"发展之路，突出潮州的优势和特点，把文化建设放在经济社会发展的重要位置，加强文化建设规划，加大文化事业投入，激活潮州文化传承创新"一池春水"，增强潮州城市文化软实力和综合竞争力，推动潮州文化大繁荣大发展，为经济社会发展提供坚实的文化支撑。

历史沉淀了文化，文化丰富了历史。为进一步擦亮"国家历史文化名城"这张城市名片，打造潮州民间工艺的"硅谷"和粤东文化高地，以"潮州文化"IP引领高品质生活新潮流，在全省乃至全国范围内形成一道独特而亮丽的潮州文化风景线，2019年，潮州市印发了《关于进一步推动潮州文化繁荣发展的意见》。2020年开始，中共潮州市委宣传部启动编撰《潮州文化丛书》这一大型文化工程，对潮州文化进行一次全方位的梳理和归集，旨在以推出系列丛书的方式来记录潮州重要的历史人物事件和优秀民间文化，让潮州沉甸甸的历史文化得到更好的传承和弘扬。这不仅为宣传弘扬潮州文化提供了很好的载体，也是贯彻落实习近平新时代中国特色社会主义思想和党的十九大精神的一个有力践行，是全面开展文化创造活动、推动潮州地域文化建设与发展的一件大事和喜事。

文化定义着城市的未来。编撰《潮州文化丛书》是一项长期的文化工程,对促进潮州经济、社会、政治、文化建设具有积极的现实意义和深远的历史意义。作为一部集思想性、科学性、资料性、可读性为一体的"百科全书",内容涵括潮州工艺美术、潮商文化、宗教信仰、饮食文化、经济金融、赏玩器具、民俗文化、文学风采和名胜风光等等,可谓荟萃众美,雅俗共赏。这套丛书的出版,既是潮州作为历史文化名城的生动缩影,又是潮州对外展现城市形象最直观的窗口。

"千古文化留遗韵,延续才情展新风"。《潮州文化丛书》的编撰出版,是对潮州文化的系统总结和传统文化的大展示大检阅,是对潮州文化研究和传统文化教育的重要探索和贡献。习近平总书记对潮州文化在岭南文化和中华文化体系中的地位给予的高度肯定,更加坚定了我们的文化自信,为进一步推动潮州文化事业高质量发展提供了根本遵循。希望全市宣传文化部门能以《潮州文化丛书》的编撰出版为契机,牢记习近平总书记的谆谆教导和殷切期望,乘势而上,起而行之,进一步落实市委"1+5+2"工作部署,积极融入"粤港澳大湾区"建设,围绕"一核一带一区"区域发展格局,推动文化"走出去",画好"硬内核、强输出"的文化辐射圈,使这丰富的文化资源成为巨大的流量入口。希望本丛书能引发全社会对文化潮州的了解和认同,以此充分发掘潮州优秀传统文化的历史意义和现实价值,推动优秀传统文化创造性转化和创新性发展,创造出符合时代特征的新的文化产品,推出一批知名文化团体和创意人才,形成一批文化产业龙头企业,打造一批展现文化自信和文化魅力的文化品牌,开创文学大盛、文化大兴、文明大同的新局面,为把潮州打造成为沿海经济带上的特色精品城市、把潮州建设得更加美丽提供坚实的思想保障。

目录

目录

CHAPTER 1

第一章

海内外潮人共同的
乡愁记忆

一 "家己人"永远的精神家园

家己人——这是生活在全世界任何一个地方的潮汕人见面时最常说又最能够拉近彼此距离的一句潮语，意思是大家是自己人，是根在潮汕的家乡人。

有趣的是，"家己"一词在各类汉语词典中是查不到的。可见，这个词语大概只存在于潮语之中。

《说文解字》对"家"的解释是：居也，从"宀"。意思是指人居住的地方。海内外潮人对居住在同一座"建筑"，甚至于生活在同一聚落、村落或地区，并且说着同样方言的人，均视为"家己人"。

这种视同"家"者即为"己"的人文现象，体现了潮人将所居住的"建筑"和生活着的"家园"——从大厝落、村寨到郡邑州府等地缘因素，上升到几乎等同于血缘、亲缘来作为界定人际关系的一个重要标准。

由此可见，"家己"已不仅仅只是一种简单的语言表达，而更是

图 1-1.1　舞英歌

基于居所建筑、生活地域与族群、民系的关联性认知了。

家在粤东潮汕！登高远眺，映入眼帘的常是这样一幅画卷：山环水抱间，陇接着陇，村连着村，一排排规整的厝屋铺陈开去，一道道"风围墙"围屋成落，鳞次栉比的屋顶竟还有金灿灿的黄瓦，"金水木火土"五行山墙神秘而静穆，宫庙屋宇厝顶上的嵌瓷神奇而光彩。漫步于城楼耸峙的古城旧邑和纵横交错的老街名巷、聚落如阵的四乡六里，俯拾皆是庄重典雅的门楼，上面悬镶着巧夺天工、精致入微的镂空石雕、木雕，历代潮籍各贤书写的大门之上，多有彰显显赫家世的匾额，如"大夫第""资政第""外翰第""儒林第""将军第"等。

图1-1.2　大夫第　　　　图1-1.3　资政第　　　　图1-1.4　外翰第

还有另一种类型的门楼匾额，俗称"郡望"。"郡望"一词，是"郡"与"望"的合称。在这里，"郡"是一个姓氏先祖世居的所在地，"望"指的是名门望族，"郡望"即表示某一地域或范围内的名门大族。潮人常见的郡望和对应的姓氏有：

颍川世家——陈氏　九牧世家——林氏

济阳世家——蔡氏　六桂世家——翁氏

陇西世家——李氏　江夏世家——黄氏

彭城世家——刘氏　宗圣世家——曾氏

松阳世家——赖氏　曲江世家——张氏

济阳世家——柯氏　琅琊世家——王氏

弘农世家——杨氏　敦煌世家——洪氏

延陵世家——吴氏　渤海世家——高氏

新郑世家——余氏　晋阳世家——唐氏

高阳世家——许氏　　沛郡世家——朱氏
河东世家——吕氏　　千乘世家——倪氏
京兆世家——杜氏　　范阳世家——卢氏
荥阳世家——郑氏　　新安世家——佘氏
吴兴世家——沈氏　　天水世家——赵氏
庐江世家——何氏　　钜鹿世家——魏氏
太原世家——阮氏　　鲁郡世家——孔氏
乐安世家——孙氏　　谯郡世家——戴氏
河间世家——章氏　　东海世家——徐氏
武功世家——苏氏　　始平世家——冯氏
安定世家——伍氏　　雁门世家——童氏
博陵世家——崔氏　　武威世家——石氏
河南世家——姚氏　　南安世家——单氏
内黄世家——骆氏　　南阳世家——叶氏
汝南世家——周氏　　兰陵世家——萧氏
中山世家——汤氏　　宝树世家——谢氏
兰陵世家——萧氏　　广平世家——宋氏
豫章世家——罗氏　　汾阳世家——郭氏

　　一座座祠庙府第、老屋古厝，又聚落而成一片片古寨、古村，从空中鸟瞰恍若一座座有着三街六巷的小城……

　　生活在这一片乡土之上的潮人，能够真切地感受到，历代先贤给我们留下来的传统建筑，早已不仅仅是对皇家府邸的简单复制。历史上的府城潮州和潮邑九县，丰富灿烂且独具潮派特色的传统建筑，随着时空的推移，正越来越成为铭刻在全体潮人精神家园中的乡愁记忆。

　　因此，我们将历史上由潮人承袭中原文化而又因地制宜建设的，在营造理念、建筑形制、格局功用、装饰工艺等方面涵蕴着潮文化特质，在建筑样貌和风格特点上明显有别于全国其他各大建筑流派的潮汕传统建筑统称为潮派建筑。

潮籍著名学者、国家一级作家雷铎教授在考察了中国传统建筑中的京派、晋派、苏派、皖派、川派、闽派等建筑，并与潮派建筑进行对比之后提出，独特的潮州文化是精美的潮派建筑的形式表达，而首重教化则是其深刻内核，它使今天的潮人得以较好地在文化上维系着中华传统道德文化的根脉；而明清两代海上丝路的繁荣和海外潮人富商的财力，又为精致绝伦、美轮美奂的潮派建筑的营造提供了物质保证。以建筑为载体实现人文道德教化的形象传达，这正是潮人"居仁由义""善意栖居"和"文章华国""诗礼传家"的精神所寄，也是潮派建筑随着历史的长河向前推移，越发散发出丰厚内涵和独特人文魅力的原因。要而言之，潮派建筑以"精致牌""丝路侨牌""道德教化牌"而明显区别于其他六大建筑流派。

九邑潮人共同的家园（引自《潮州府志》

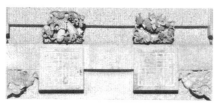 

图1-1.5 户对"诗礼""传家"　　　　　图1-1.6 户对"文章""华国"

近年来，随着人们从更高视野来审视潮州传统建筑（潮汕传统建筑）、潮州厝（潮汕厝）和潮州民居（潮汕民居），"潮派建筑"这样一个新的文化概念不断被文化界和媒体提出并越来越多地受到关注。

2014年以来，省、市、区高度重视潮派建筑课题的研究，并以此为契机推动全社会共同做好对潮派建筑的传承、保护和利用。

在各级有关部门的高度重视下，随着全国首本以道德文化的视角观照传统建筑和首本潮派建筑的专著《潮派建筑与道德文化》于2017年1月由花城出版社出版，"潮派建筑"已成为备受潮学研究和潮文化研究领域关注的一个热词。

图1-1.7 《潮派建筑与道德文化》

二 七大流派连星成"斗"

"京城帝王府，潮州百姓家""潮州厝，皇宫起"，这是关于潮派建筑最广为人知的一些俗语，道出了其恪守宗法又聚落而居的人文特性，以及精致细腻又富丽堂皇的建筑样貌。从潮州古城到潮汕大地上的古村落、古村寨，以至形制格局不同的各种潮派建筑府第宅院，无不让人对根植于潮乡厚土上的这些人文物象留下深刻的印象。这种独特的建筑景观，总是能够让人们直观地区别于中国其他地区的传统建筑。

以现存的古建筑典型追根溯源，从有"潮州府第式民居始祖"之称的许驸马府（北宋）到揭阳渔湖长美村的袁氏家庙（元），到潮州府城"三达尊"黄尚书府（图1-2.1），到揭阳榕城郭之奇太史第（明）（图1-2.2），再到普宁德安里、澄海南盛里（清末民国），都是"以中为尊，向心围合"的平面厝局，基本涵盖了潮派厝宅的单元：中轴厅房、从厝、火巷、后包、外埕。可见，这种以中央厅（祠）堂带两侧护厝的营造样式由来已久，在历史上逐步定型、成熟，并延续至今。

007

图 1-2.1 黄尚书府　　　　图 1-2.2 太史第

具体到一座厝宅的形制及装饰，潮派风格也是一目了然：从简朴的"下山虎"到气派的"驷马拖车"，从硬山屋顶到"金水木火土"各异的五行山墙，从红楹

图1-2.3 潮派建筑之木雕装饰

蓝桷到金漆花坯，从屋脊嵌瓷到各种巧夺天工的木雕、石雕、灰雕和匾额碑刻，都显出鲜明的地域特色。（图1-2.3）

此种形制还随着华侨拓殖的脚步漂洋过海，散布到越南、柬埔寨、泰国、新加坡、马来西亚等地。今天在番邦异域，仍可觅到"潮味"十足的会馆家庙、宫庙大厝。（图1-2.4、1-2.5）它们或典雅庄严、或细巧精致、或繁密艳丽，展示了潮派建筑不同凡响的形态。

图1-2.4 马来西亚槟城韩江家庙（李炳炎 摄）

图1-2.5 1990年，潮州嵌瓷的传承人卢芝高在泰国为当地善堂制作嵌瓷和灰塑

雷铎教授认为："中华建筑多姿多彩、流派纷呈，而根植于深厚独特潮文化土壤上的潮派建筑，以首重伦理道德意蕴的精神内核，精致、别致、极致的风格表现，包容、融合、蕃衍的海洋文化特征，使其与京派、晋派、皖派、苏派、闽派和川派等各大流派相比而足以自成一系，成为汉族建筑第7派，当之无愧。"（图1-2.6）

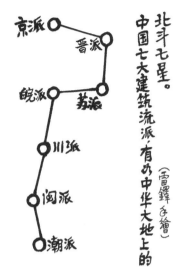

图1-2.6 雷铎教授手绘中国七大建筑流派北斗七星图

韩山师范学院校长林伦伦认为："将潮派建筑列为中华传统建筑的一大流派是很有依据的，因为在潮州民系和潮州文化中，潮语、潮剧、潮乐、潮菜、潮俗、潮艺、潮州工夫茶等都是举世闻名，一个'潮'字就已区别于任何其他地域的文化现象，是真真正正的自成一'派'。"

韩山师范学院潮学研究院黄挺教授认为："我们以前说潮汕的传统建筑，都没有把它当作中国建筑的一个流派来提，但其实现在看来，提出'潮派建筑'这个看法是对的。我们还可以进一步扩大视野来看潮派建筑，就是她跟海外、跟海上丝路的关系这个关注点。"

放眼中华大地，56个民族都有各自独特的传统建筑，由此形成的建筑流派如夜空之繁星，各自璀璨，各自辉煌。潮派建筑正与京派、晋派、皖派、苏派、闽派和川派等其他六大汉族传统建筑流派一起，连星成"斗"——"北斗七星"，闪耀着迷人的光辉。

三 潮派建筑的形制特点

潮派建筑主要包括潮州传统建筑中的祠堂、庵寺、宫庙、塔、公所、府第、村寨、民居、城墙、牌坊、亭台楼阁、桥、水井、墓葬，等等。而其中所占分量最多者，当属民居，主要包括祠堂、家庙、府第、宅院等。

潮州民居的主要特色：一是形制样式的多样性。主要的建筑形制包括"竹竿厝""下山虎""四点金""爬狮""单佩剑""双佩剑""五间过""三座落""驷马拖车""百鸟朝凤"及其演化出来的20多个种类。二是装饰工艺的精致性。将传统建筑与潮州特有的传统工艺如金漆木雕、工艺石雕、嵌瓷艺术、贝灰塑以及匾额碑刻等最大限度地融合，使潮州民居具有金碧辉煌而不庸俗、精致细腻而藏雅韵的特点。三是文化内涵的丰富性。尤其以建筑理念、形制功用、装饰构件等方面所蕴含的道德教化内容的广泛与深刻而著称。（图1-3.1）

唐朝以前，潮州先民居住的多为草寮。（图1-3.2）直至南宋以前，根据礼制的要求，民居与皇宫官邸仍然截然不同，不得僭越。潮州先民在建造民居时不能像皇宫和官贵人家那样采用"硬山顶"以上形制的建筑形式，屋顶连抹灰压脊都不可以。潮州俗语"日出鸡卵影，落雨摆钵仔"，就是对此的真实写照。夏秋两季，台风肆虐，倾盆大

图1-3.1 蕴含道德教化的各种装饰

图 1-3.2　草寮

雨，飞沙走瓦，房屋倒塌，更是让百姓不得安居。

北宋英宗治平年间（1064—1067），宋英宗赵曙长女德安公主之驸马许珏，在潮州古城北门以高基台、宫殿式的"硬山顶"建筑形式建造了一座富丽堂皇的许驸马府，成了潮州厝最早的"皇宫起"形制。许珏毕竟是皇亲国戚，府第当然可以这样建造，但平民百姓就不能以"硬山顶"的建筑形式建造了。至于后来潮州厝什么时候开始出现"硬山顶"的形式，民间流传着两个有趣的传说。

其一：南宋初期，礼部侍郎王大宝甚得孝宗皇帝信任。有一次，孝宗召见王大宝，见其心情沉重、愁眉不展，问何故，王大宝奏曰："潮州临海多贝壳，制灰原料丰富，但因朝廷有典制，未敢抹灰压脊，故房屋多不牢固。今夏季将至，家乡屋宅常遭风灾，房屋倒塌，人多伤亡。家有老母，年已高迈，故此挂念！"孝宗皇帝闻之，深知闽粤百姓居住之苦，又感王大宝之孝心，即下旨准潮州民间建屋可以抹灰压脊，以"硬山顶"的形式建造居屋。此后，"潮州厝，皇宫起"才渐渐在世家大族中得以建设，而平民百姓的房屋也更能够抵御风雨，而且堂皇美观。

其二：明正德年间，潮阳人陈北科得

图1-3.3 陈北科的故里陈氏家祠

中进士，历任户部给事中、吏部左给事中、大理寺少卿、黄门侍郎、按察使司金事等职，传说因其义姐为嘉靖妃子，民间又称其为"国舅"。陈北科非常喜欢京城的四合院，在朝见皇帝时，闻雷雨而大惊失色，欲钻入桌下。帝问其故，陈答曰："潮州厝大部分是草和泥所造，雷雨交加之时，百姓常钻于桌下以避之。因每雨必如此，久而成习。"帝感潮人生活之艰辛，怀恻隐之心，遂恩准陈北科回乡建了自己的府第"黄门第"。这一建筑形式后来成了潮州民居效仿的模式。（图1-3.3）

传说归传说，其实潮州民居并不是在南宋或明正德年间才得到发展的。自唐代到近代，潮州先民在生产建设过程中，居住的厝宅广泛受到中原建筑文化的渗透和影响，同时较多地受到八闽、江西建筑风格和江南、广府建筑文化的浸润，加上受到本地区自然、经济、人文等因素的影响，使之既与中华建筑文化一脉相承，又明显区别于中原和北方民居建筑的凝重、鲜艳以及江南民居的俊逸、清纯，在建筑形制的多样性、装饰构件的精致性、蕴含道德教化内容的丰富性以及兼具海洋文化特征等方面形成自身独特的风格。（图1-3.4）

图 1-3.4　形制多样的潮汕民居

（一）四点金

　　"四点金"是潮州民居的典型建筑，因其四角上各有一面形如"金"字的房间山墙压角而得名。"四点金"格局的建筑还有许多种。只有前后四个正房，没有"厝手房"和"八尺房"，而四厅齐向天井的，称"四厅会"；前后房都带"厝手房"和"八尺房"，变八房为十室的，称"四喷水"。如果在"四点金"外围建一圈房屋，就叫作"四点金加厝包"。

　　"四点金"的建筑形制跟北京的四合院有点相似。外围一般有围墙，围墙内打阳埕，凿水井；大门左右两侧有"壁肚"；一进大门就是前厅，两边的房间叫前房；进去就是空旷的天井，两边各有一间房，一间作为厨房，称为"八尺房"，另一间作为柴草房，称为"厝手房"。在功用上按照尊卑、上下、长幼的礼俗秩序安排，天井后面为后厅（也称大厅），是祭祖的地方，两边各有一个大房，是长辈居住的卧室，如果小辈居住就是大不敬。所以潮州俗语有"细仔弟住厝耳"之说。（图1-3.5、1-3.6）

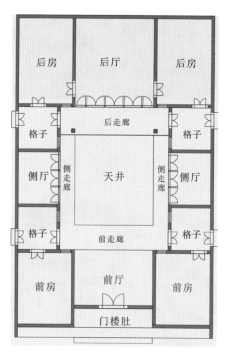

图 1-3.5　"四点金"形制平面图

图 1-3.6　"四点金"形制模型图

（二）驷马拖车

"驷马拖车"也称"三落二火巷一后包"，是"四点金"的复杂化。普宁德安里中寨就属于这种形制，汕头市澄海区隆都镇前美村的陈慈黉故居也参照了"驷马拖车"的建筑形制营造。

"驷马拖车"建筑形制的各部分都有特殊的功能。第一进的"反照"是为了遮挡路人和客人的视线，不致屋里一览无遗。通廊是主人和来访客人停放交

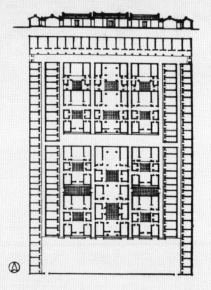

图1-3.7 "驷马拖车"形制平面图

通工具的地方。南北厅是平时接待客人用的，而长辈们重要的会见和议事则在二进和三进的大厅进行。三进的大厅还设置祖龛供奉祖宗灵位。逢年过节、祖宗忌辰、家人远行，就要开龛门祭拜或向祖宗"告别"；族人做了伤风败俗的事须绳之以家法，也要开龛焚香，让其在祖宗面前请罪。后库则是供办丧事时停放棺柩的地方。主体建筑的大房由长辈居住，辈分最高者一般住在三进的房子，其他房间由小辈居住。磨房、厨房、浴室、厕所等生活用房都集中在左边的火巷。家中遇上办喜事，则各进大厅的隔扇门洞开。办丧事时更为讲究，不但要卸下"反照"，还要卸下各进的门。所有天井架上地板，天井的上空撑起帐篷。这样一来，一、二、三进形成了一个宽敞的大空间，便于进行各种活动。总的来说，主体建筑前低后高，每进递增三级石阶，这样便于突出主要厅堂，更重要的是为了不让前进遮住后进，保证后进的采光。后包是为了保护主体建筑和防盗而设。（图1-3.7）

图 1-3.8　普宁德安里

（三）百鸟朝凤

"百鸟朝凤"俗称"三座落""三厅串"，较大规模的称"八厅相向"。它们都是两座"四点金"纵向合并与扩充而成，整个平面系中轴对称布局，主体建筑共三进三座（"八厅相向"为四进四座）三开间平行布置，相邻两座中间均隔着天井，天井两侧各有厢房连接各座形成围合；主体建筑两侧各有一列或两列排屋，即俗称的"从厝"，以巷隔开，称"火巷"，"从厝"排屋一般是"一厅四房五间过"，或由两组一厅二房连成；主体建筑后面又有一列排屋，此为"后包"，将后座以巷隔开，与两侧"从厝"排屋相连形成围合。

"百鸟朝凤"建筑形制为门厅会客、后厅设龛祭祖、中厅可行各种大礼；中厅西侧大房，乃家长之居室，前院为客房，后院为内眷，火巷排屋则为族人、佣人之住所。同时，上厅一定要高于下厅，大房的纵深长度也一定要超过下房。这种形制切实地体现了长幼有序，上下有别的传统伦理，也一直为潮人所遵从。（图1-3.9）

图 1-3.9　德安里老寨为"百鸟朝凤"建筑形制

四 潮派建筑的经典范例

本节关于潮派建筑的范例,基本上涵盖了历史上潮州府疆域范围内(即海阳、澄海、揭阳、普宁、潮阳、饶平、丰顺、惠来、大埔九县)的传统建筑,其范围主要包括了今天的汕头、潮州、揭阳三市。汕尾市的大部分在历史上虽隶属于惠州府管辖,但因当地从语言到习俗等方面都与潮属其他各县无异,故也常被视为同一个文化区域看待。

图 1-4.1　潮州古城图

(一)潮州古城:潮派建筑荟萃的文化大观园

潮州自东晋咸和六年(331)设立海阳县以来,至今已有1680多年的历史,隋朝时撤郡设州,始称"潮州"。新中国成立前,潮州为历代县、郡、州、路、府的治所,位居粤东地区政治、经济、文化中心。潮州是"潮文化"的发祥地,在漫长的历史长河中,长期的对外交往和中西文化交融,使本土的原生文化与周边文化、中原文化、海洋文化相互交流渗透,形成了风格独特的地域文化——潮文化,拥有地方特色鲜明、结构完整、门类齐全、品位甚高的人文景观。潮语、潮剧、潮乐、工夫茶、潮菜、潮绣、潮俗以至于潮派建筑，无不具有鲜明的地方色彩，蕴含浓郁的中古遗风。古城中各类潮派建筑荟萃，有中国四大古桥之一的广济桥，有全国纪念韩愈历史最长的祠宇韩文公祠，有国内罕见的宋代民居建筑许驸马府，有集潮州木雕之大成、堪称一绝的己略黄公祠，有始建于唐朝的粤东第一古刹开元寺，有笔架山宋窑遗址，有国内最大规模的古牌坊街，而成片的古城区特别是"猷、灶、义、兴、甲、家、石、辜、郑、庵"等老街巷又汇集了不同形制的各类祠堂府第、宫庙堂宇和其他各类独特的古建筑物。据《永乐大典》载："潮为广左甲郡，文物亦诸郡甲。"潮州因而被誉为"中原文化的典橱"，也是汇聚众多潮派建筑形态的文化大观园。

（二）"尊韩"建筑：崇文重教感恩知礼的载体

潮人重恩义，对韩文公（韩愈）治潮功勋累世不忘，经千百载的感念追慕，潮州"江山喜姓韩"，积淀形成了一种独特的"尊韩"传统和"尊师重教"文化基因。在潮州有许多纪念韩愈的建筑，其中最为著名的包括韩文公祠、昌黎旧治坊、鳄渡秋风亭和祭鳄台等。（图1-4.2—图1-4.6）

图1-4.2 韩文公祠主殿

图 1-4.3　韩山书院

图 1-4.4　韩文公祠"功不在禹下"碑

图 1-4.5　鳄渡秋风亭

图 1-4.6　昌黎旧治坊

（三）海阳县儒学宫：潮人尊孔重儒的圣地

海阳县儒学宫位于潮州市昌黎路和文星路交界处，俗称"红学""学宫"，是潮人千年文脉尊孔圣之所在。据清乾隆《潮州府志》载，县儒学宫"旧在府治西偏附郡学右"。至宋绍兴年间，县令陈坦迁到锦坊（即今址）。此后历代屡有增修，使海阳县儒学宫成为一座规模宏大、保存较完整的古建筑群。海阳县儒学宫属于地方的学宫，远不如山东省曲阜孔庙的规模，然而其建筑也严格按照全国各地学宫的统一标准，都是坐北朝南，建筑格局体现了儒家的中庸思想，在中轴线上依次是棂星门、泮池、两庑厢房、大成门及大成殿等。大成殿是海阳县儒学宫的主要建筑物,至今仍较好地保留了明代的建筑风格,重檐歇山顶,面阔五间,进深四间,金箱斗底槽柱网布置,让人感觉到它的儒雅古朴。

海阳县儒学宫自古便是潮州读书人尊孔重儒之圣地。在大成殿内可以看到清朝从康熙起历代皇帝为孔庙所题匾额,尊崇孔夫子为"万世师表"。每年"孔子诞",潮州人都会十分虔诚地举行祭孔活动,崇儒重教之风代代相传。潮州文化传承了儒家思想明礼习让的道德风尚,形成了潮人温文尔雅的群体性格烙印,"地瘦栽松柏,家贫子读书"的民风也使这一片土地历代人才辈出。(图1-4.7—图1-4.10)

图1-4.7　海阳县儒学宫历代碑刻

图1-4.8　大成殿内景

图1-4.9　大成殿

图 1-4.10　棂星门

（四）开元镇国禅寺：粤东第一古刹的唐迹宋构

开元镇国禅寺位于潮州市开元路，占地面积7.8万平方米，前身为荔峰寺，唐开元二十六年（738）敕建开元寺，元代改为"开元万寿禅寺"，明代称"开元镇国禅寺"，又称"镇国开元禅寺"，加额"万寿宫"，俗称"开元寺"并一直沿用至今，为全国重点文物保护单位。开元镇国禅寺是一座比较完整的四合院式佛教建筑群。中轴线上依次排列有金刚殿、天王殿、大雄宝殿、藏经楼，东边有地藏阁、客堂，西边有观音阁、六祖堂等。周围是观音阁、地藏阁、知客堂、韦驮庙、香积厨等建筑物。主体建筑是大雄宝殿，耸立在寺院中心位置，殿中供奉三世佛，中间是婆娑世界的释迦牟尼佛，东边是东方净琉璃世界的药师佛，西边是西方极乐世界的阿弥陀佛。两侧是形态各异的十八罗汉像。殿前现存唐代石经幢一对，上刻《准提咒》和《尊胜咒》经文。该寺以殿阁壮观、圣像庄严、文物众多、香火鼎盛而闻名遐迩，为粤东第一古刹，又有"百万人家福地，三千世界丛林"之美称。

图 1-4.11 开元寺主殿

图 1-4.12 天王殿

开元寺天王殿的建筑结构是不可多得的稀世之宝。当代著名建筑学家龙庆忠教授经过缜密研究，断定天王殿至迟为宋代遗构。其平面布局、立面构图与梁架结构均保留了不少汉朝和南北朝时期的特点，为国内现存较少见之早期木构建筑。而另一著名建筑学家路秉杰教授经过十多年的苦苦找寻，才在开元寺天王殿找到号称世界现存最大木构建筑——日本奈良东大寺大佛殿的建筑样本。这种在日本被称为"大佛样"的建筑模式，是由南宋宁波人陈和卿带到日本的，曾引起日本建筑界的第二次革命，其源头就在开元寺天王殿！天王殿自宋康定元年（1040）重修之后，后虽又经多次重修，特别是20世纪80年代初由李嘉诚先生以其母亲名义独资重修之后，依然保留了原来的结构特点。（图1-4.11、1-4.12）

（五）广济桥：世界上第一座启闭式浮桥

广济桥又称湘子桥，位于潮州市区东门外，是沟通韩江两岸的重要桥梁，为古代闽粤交通要道，与赵州桥、洛阳桥、卢沟桥并称"中国四大古桥"，是世界上第一座启闭式浮桥。广济桥的建筑艺术是世界桥梁史上的创举，充分显示了古代潮人的非凡智慧。

广济桥共建有二十四座楼台，并分别以奇观、广济、凌霄、登瀛、得月、朝仙、乘驷、飞跃、涉川、右通、左达、济川、云衢、冰壶、小蓬莱、凤麟洲、摘星、凌波、飞虹、观滟、浥翠、澄鉴、升仙、仰韩等命名，其规模之大、形式之多、装饰之美，实属世所罕见。（图1-4.13—图1-4.15）

图 1-4.14　廿四楼台

图 1-4.15　古桥古梁

图1-4.13　广济桥全貌

（六）玄武山元山寺：释道汇流包容的文化信仰

元山寺位于汕尾市陆丰碣石镇玄武山南麓，占地15公顷，是佛道两教合一的宗教活动场所，也是汕尾一处历史悠久、驰名海内外的名胜古迹。寺内保存有大量历史文物，为全国重点文物保护单位。

图 1-4.16　元山寺正殿

元山寺始建于南宋建炎元年（1127）。明洪武三十二年（1399，亦即建文元年，洪武三十二年为朱棣所改）碣石建卫，总兵侯建高主持规划扩建，其成为一座具有典型的明代建筑风格和艺术特点的宫殿式群体。建筑格局为多组四合院对称式，坐北朝南，卧岗面海，依山递进，建筑布局合理，结构严谨，计有山门、前殿、中殿、正殿、配殿、厅堂、院落，以及有右庑廊、方丈厅和僧房等建筑99间，始称"玄山寺"，后因避清代康熙帝讳，遂改名"元山寺"。

图 1-4.17　玄武山山门

元山寺历代几经修葺，至清光绪二十二年（1896）起例定每十年进行一次维修重光。由于定期维修，保存完好，至今还保留着重斗叠拱、雕梁画栋，木雕、石雕、嵌瓷等工艺千姿百态、巧夺天工。宫殿庙顶，高脊飞瓴，还有寺内的各式铜铸、玉雕、陶瓷、泥塑，无不形神兼备、工艺精湛，体现了潮派建筑极其精致的特点。

元山寺内同时供奉着玄天上帝和释迦牟尼、观音菩萨、弥勒等神佛，因此兼有释道汇流的特点，在海内外潮人中享有盛誉。（图1-4.16—图1-4.19）

图 1-4.18　元山寺兼有释道汇流的特点

图 1-4.19　元山寺

（七）许驸马府：国内罕见的北宋府第建筑

许驸马府位于潮州市中山路葡萄巷东府埕，为北宋英宗皇帝长女德安公主之驸马许珏的府第，始建于宋英宗治平年间。历代屡经修葺，至今仍较好地保留了始建年代的平面布局及特色。1996年11月，其被列为第四批全国重点文物保护单位。近年来，各级有关部门在对许驸马府进行维修时，全面遵古法制，修旧如故，使之成为研究古建筑形制和当时社会、经济、文化、民俗的重要实物依据。

许驸马府坐北朝南偏东8度，面宽42米，进深47米，建筑面积约

1800平方米。主体建筑为三进五间。中厅东西围屋带从厝厅、房及书斋。上厅的后面有横贯全宅的后院，主体的三进与插山构成"工"字格局，围屋隐伏于中座两旁山墙外，形成独厅、独院、独天井之设置，是现存潮州"府第式"民居的最早形制，被众多专家誉为"国内罕见的北宋府第建筑"。（图1-4.20—图1-4.22）

图1-4.20　许驸马府模型图

图1-4.21　许驸马府

图1-4.22　许驸马府后厅

（八）己略黄公祠：潮州木雕的艺术殿堂

全国重点文物保护单位己略黄公祠坐落于潮州市区义安路铁巷头，建于清光绪十三年（1887），分前、后两进，中间为天井，后进之前为拜亭，左右有从厝、从厝厅和主座通廊，在从厝巷的地方用过墙亭连接，采用开敞形式，面对中间大天井，形成一个四厅相向格局的潮州传统庭院式建筑。

己略黄公祠的木雕装饰采取了圆雕、沉雕、浮雕、镂空等不同手法，形象地表现了多层次的复杂内容，在外形色彩上则充分运用了黑漆装金、五彩装金、本色素雕等表现手法，使整座建筑物轻重有别、层次分明，因而被誉为"潮州木雕一绝"。

图 1-4.23　己略黄公祠　　　　　　　图 1-4.24　衍庆堂局部

己略黄公祠衍庆堂大厅抬梁式梁架集中体现了潮派建筑祠堂建设的显著特色，其"三载五木瓜，腹内十八块花坯"格局凸显了潮派祠堂建筑艺术的金碧辉煌、精致绝伦，建筑气势的端庄厚重、大气磅礴。（图1-4.23、1-4.24）

（九）从熙公祠："一根牛绳激死三个师傅"的故事

全国重点文物保护单位从熙公祠位于潮州市潮安区彩塘镇金砂村斜角头，始建于清同治九年（1870），竣工于清光绪九年（1884），整个工程历时14年，耗资26万银圆，是清代旅居马来西亚柔佛州的华侨陈旭年在家乡营建的大型民居群落"资政第"的中心。从熙公祠建成后，陈旭年还特地从潮州运去原材料并请来工匠，依照从熙公祠的格局，在新加坡修建了"资政第"。此建筑后来成为新加坡"国家第五建筑"，并于1984年6月印成邮票向全世界发行。由此可见，潮派建筑随着潮人开拓的步伐在南中国海沿线国家具有一定的影响力。

图 1-4.25　渔耕樵读

图 1-4.26　士农工商　　　图 1-4.27　花鸟虫鱼　　　图 1-4.28　百鸟朝凤

　　从熙公祠的整个凹肚门楼全部用石材构筑而成，其四幅石雕挂屏和石雕花篮等装饰构件，足以代表潮州民居石雕艺术的最高水平，也可以看出潮州传统石雕艺术之博大精深，堪称"中国石雕艺术一绝"。潮州民间因此流传着"一根牛绳激死三个师傅"的故事。除此之外，从熙公祠还集木雕、嵌瓷、贝灰塑等其他潮州工艺之大成，是一座独特的潮州民间雕刻艺术"展览馆"。（图1-4.25—图1-4.29）

图 1-4.29　从熙公祠

（十）象埔寨：宋代皇城建筑缩影

象埔寨位于潮州市潮安区古巷镇古一村，东距潮州城约8公里，坐西南向东北。古寨始建于南宋景定三年（1262），是明清时期的贸易商埠，也是目前粤东地区年代久远、保存完整的古寨之一。现为广东省重点文物保护单位、广东省古村落。

寨中建筑布局严谨规整，建制为三街六巷七十二座厝，均属陈氏家族。一进入寨门是一条中轴大道，直通陈氏家庙孝思堂。陈氏家庙位于寨中后部正中，屋顶为悬山顶建筑，是一座典型的明式建筑。三进后厅前面是留芳亭，八柱四垂，犹如龟首。陈氏家庙右边是松轩公祠（房祖祠），建于清乾隆二十九年（1764）甲申九月；左边是西湖公祠（二房祠），建于清光绪三十年（1904）。这两座祠堂都是宫殿式建筑风格，外埕配"龙虎门"，为南北向。中轴线两侧各

图 1-4.31 象埔寨寨门

图 1-4.32 孝思堂

图 1-4.30 象埔寨

有三条平行的巷，从寨门到陈氏家庙之后，共有南北横贯三条街，与各巷交叉贯通，形成了四通八达的格局。民间认为象埔寨好像是皇城建筑的缩影，故有"象埔寨，皇城起"之美誉。象埔寨地灵人杰，历代科举名贤辈出，根据潮州陈氏有庆堂族谱记载，寨中曾出进士、贡生、举人18人，现有进士第1座，大夫第7座。（图1-4.30—图1-4.32）

（十一）龙湖寨：潮居典范、祠第千家的古村落

空中俯瞰龙湖寨，三街六巷清晰可见，是一座活着的古城。

龙湖寨地处韩江中下游西岸，北距潮州城16公里，南至汕头市26公里，方圆1.5平方公里，曾是韩江三角洲平原历史上最繁华的村落。其始创于宋，围寨于明，繁盛于清，素有"潮居典范、祠第千家、书香万代"之美誉，被评为广东省十大最美古村落。

该寨按九宫八卦而建，辟"三街六巷"，即上东门街、下东门街、新街，五官巷、客巷、院巷、夏厝巷、狮巷、伯公巷。"三街六巷"间，线条洗练的宋式建筑，风格简约的明式建筑，华贵繁缛的清

图1-4.33　龙湖寨鸟瞰图

图 1-4.34 阿婆祠　　　　　图 1-4.35 侗初师祠

式建筑，中西合璧的华侨厝尽在其中，由古及今，中西并蓄，几乎荟萃了潮派建筑所有的民居样式，见证昔日"京都帝王府，潮州百姓家"的风范与气派。寨中有宗祠、家庙百余座，更有女性祠堂"阿婆祠"，纪念老师的祠堂"侗初师祠"。"探花第""进士第""方伯第""大夫第""文翰第""太卿第""绣衣第""儒林第"等名宦府邸、商贾豪宅，以及木雕、石雕、嵌瓷、彩绘、贝灰塑等精致绝伦的装饰，无不闪烁着潮派建筑艺术的光芒。

龙湖寨自古以来尊师重教蔚然成风，素有"南尊韩（韩愈），北敬陈（陈尧佐）"之说，自明代就有与潮州府城韩山书院齐名的龙湖书院，还有书斋多达30余处，包括专供旧时富贵人家小姐就读的女子书斋。这里历代人才辈出，据《潮州府志》《海阳县志》所载，仅科举出身的进士举人就有60多名。其中著名的有潮州历史上唯一的探花姚宏中，山东道监察御史许洪宥，御倭名宦、广西布政使刘子兴，太卿成子学，一代名吏肖廷玉，还有"一门三科甲"的夏建中、夏宏（夏建中之子）、夏懋学（夏建中之孙）等。潮州府城大街39座牌坊中，就有5座是为纪念龙湖寨先贤而建的。（图1-4.33—图1-4.36）

图1-4.36　龙湖古寨鸟瞰图

（十二）泥沟村：广东省十大最美古村落

泥沟村又称弥高村，位于揭阳市普宁燎原镇，置乡已700余载，元世祖至元二十二年（1285），由张氏翠峰公偕妹翠娥从福建莆田迁泥沟南乡门开基创乡，是为泥沟张氏始祖。后逐渐形成多姓聚居，有张、许、陈、郑、孙、周、李等姓氏，人口约1.8万人，其中张氏人口最多，约1.2万人。该村旅居海外华侨近8万人，是普宁著名的侨乡。泥沟村先后被评为广东省旅游特色村和广东省十大最美古村落。

在泥沟村，慎终追远、敦亲睦族、祭拜祖先之风盛行。村中有明朝兴建的张氏宗祠，清朝兴建的张氏二祖祠、张氏三祖祠、许氏宗祠、许氏彰祖祠、陈氏祖祠、张氏本祖祠等宗祠98座。

泥沟村古迹和古宫庙众多，有明正统元年（1436）兴建的真君古庙、明嘉靖壬午年（1522）兴建的三山国王古庙以及建福庵、三足岭伯公宫等庙宇9座，寨门9座，古井12口，碉楼14座，百岁坊2座；还有张氏创乡始祖张翠峰夫妇及祖姑张翠娥的墓葬，碑石向前倾斜约45度，是罕见的兄妹姑嫂合葬坟墓。（图1-4.37、1-4.38）

（十三）道韵楼：中国最大八角形土楼

道韵楼位于潮州市饶平县三饶镇南联村，始建于明成化十三年

033

图 1-4.37　泥沟村

图1-4.38　泥沟村民居

（1477），历经三代人的不懈努力，至明万历十五年（1587）建成，是迄今发现的中国最大八角形土楼。道韵楼作为明代古建筑，被国务院批准列入第六批全国重点文物保护单位名单。（图1-4.39）

　　雷铎教授于2005年参观道韵楼之后，现场即兴书《道韵楼记》，给予道韵楼以极高的评价：

　　道韵八卦楼，中华九州之瑰宝，人类建筑之奇珍也。盖人类之居处，无非方圆二种，而八角之制式，极鲜见焉。道韵者，中国八卦形民居巨制之仅存也。道，天地之至理也；韵，则乃意味意蕴也。故道韵者，至道之永义也。乃以承伏羲、文王、孔子三圣易经之大意，天地风雷水火山泽八经卦，化万类之精粹，上以合天，下以合地，中以合人，故天地人三才和谐而得乎吉祥也。

　　道韵楼，以八角为形，八数为用，故有屋房九八七十二，有井四八三十二，有阶八，其皆合乎数意也。中则太极为隐，有龙虎井二，是太极眼也。中置明堂祖祠，皆取乎尊卑之礼数也。

　　斯楼聚黄氏之族，而居在三山间之宝地，宜耕宜居，宜防宜守，且其土木营造，屋宇雕饰，粗犷古朴。故斯楼以集中国易学、礼制、建筑三者之精华而名闻中外。今天下太平，盖斯楼之义，乃功德无量也！

是为记。

道韵楼，是潮人聚族而居之所在，其中轴线上的祖祠，前低后高的交椅背风水格局、一户一楼的多进形式，与潮州的"府第式"民居有异曲同工之妙，是潮派建筑的一种重要形制。

著名的潮汕传统建筑研究专家、汕头大学林凯龙副教授的《潮汕老厝》说道："在饶平县六百多座土楼中，潮人和客家人大约各占一半，在福建诏安、平和二县，更有半数土楼出自饶平工匠之手的说法。"中山大学陈春声教授认为："在长达百余年（16—17世纪）的

图 1-4.39　道韵楼

筑城建寨运动后，韩江21县出现围寨围堡林立的局面，其中也包括大量的土楼，因此土楼并非客家民系的专有建筑形式。"

（十四）德安里：国内罕见的"府第式"民居群落

德安里位于揭阳市普宁洪阳镇南村，是清末广东水师提督方耀与其兄弟共同营建的家族聚居村寨，是粤东地区现存规模最大、保存最完整、历史时期较长的巨型"府第式"建筑组群，也是国内罕见的"府第式"民居群落，堪称潮派建筑艺术之奇葩。

德安里始建于清同治十年（1871），清光绪十六年（1890）建成。整个德安里分老寨、中寨、新寨三部分，占地面积6.3万平方米，建筑面积3.2万平方米。德安里三寨都以大宗祠为中心，其他建筑按次序环绕大宗祠而建，形成了这样的格局：大宗祠的左右是小宗祠，然后是火巷和厝包（包屋），它们从三面护卫着大宗祠，外围是一座座重叠相连的"下山虎"和"四点金"，最后是坚固围合的寨墙。围绕着主体建筑物大祠堂的房屋刚好是100座房屋，俗称"百鸟朝凤"。中寨和新寨的建筑格局是"驷马拖车"，中间的大祠堂象征"车"，左右两边的建筑象征着拖车的"马"，这样，坐在"车"上的列祖列宗就由居住在两边象征着"马"的子孙拱卫着。

那么，为什么汉族"府第式"建筑能够在潮汕一带留传下来呢？林凯龙副教授认为："这是因为当世家大族在潮汕重新集结时，中原士族却逐渐式微；而江南

图1-4.40　德安里燕诒堂

图 1-4.41　德安里

和三晋等地区又由于明清以后个体经济的发展，即所谓的资本主义的萌芽，使原来比屋而居的大型聚落逐渐为强调个体和私密性的单门独户的四厢式民居取代。虽然，他们在村落意义上还是聚集在一起，但其聚落多是一些个体合院叠加而成，未能与潮汕聚落一样形成一个体现传统宗法礼制观念的向心围合、中轴对称、主次分明有序的建筑整体。"

正是地偏一隅和根深蒂固的宗族宗法文化，才使得像德安里这样的潮派建筑得以建成。在潮汕大地上，类似德安里这样的"府第式"民居群落还有很多，这正是"京都帝王府"成为"潮州百姓家"的见证。（图1-4.40—图1-4.42）

图 1-4.42　德安里鸟瞰图

（十五）陈慈黉故居：岭南第一侨宅

陈慈黉故居位于汕头市澄海区隆都镇前美村，始建于清宣统二年（1910），计有"郎中第""寿康里""善居室""三庐"等宅第，占地2.54万平方米，共有厅房506间。其中最具代表性的"善居室"始建于1922年，至1939年日本攻陷汕头时尚未完工，占地6861平方米，计有大小厅房202间，是陈慈黉故居所有宅第中规模最大、设计最精、保存最为完整的一座。陈慈黉故居被誉为"岭南第一侨宅"。

陈慈黉故居凝聚了潮派建筑的特色，既保留了"下山虎""四点金""驷马拖车"等建筑格局，又效仿中国的宫廷式建筑，并融入了西方建筑艺术，富丽堂皇，古朴典雅。宅第主厅堂为"四点金"布局，双侧火巷（也称双背剑）近似北京故宫东、西宫格局，分若干个小院落，构成大院套小院、大屋拖小房的格局，加上楼梯、天桥、通廊与屋顶人行道迂回曲折，相互贯通，往来甚得其便。

陈慈黉故居汇集了当时中外建筑材料之精华，其中单进口瓷砖式

图 1-4.43　善居室鸟瞰图

图1-4.44　善居室"传叶堂"　　图1-4.45　善居室　　图1-4.46　善居室

样就有几十种，这些瓷砖历经百年，花纹色彩至今依然亮丽如新，各式门窗造型饰以灰塑、玻璃，高雅大方，独具韵味；木雕和石刻多以花鸟、祥禽为内容，表达吉祥、吉庆、富贵的美好愿望。此外，故居内的书法碑刻皆出自当时名家之手，很有品位。

　　陈慈黉故居在建筑格局上有"小故宫"之称，是"潮州厝，皇宫起"的典型范例。作为潮派建筑"华侨厝"中的杰出代表，其集中体现了潮人"创业、精致、感恩、包容"的文化特质。（图1-4.43—图1-4.46）

（十六）海外潮派建筑：彰显潮人优秀文化特质

　　潮派建筑随着海外潮人拓殖的脚步遍布世界各地，在越南、柬埔寨、泰国、新加坡、马来西亚等国家，有潮人的地方就可觅"潮味"十足的会馆家庙、宫庙大厝。它们或典雅庄严、或细巧精致、或繁密艳丽，展示了真善美的和谐统一，体现潮人对"天人合一"境界的共同追求，也彰显着潮文化"特、精、融"的独特魅力。（图1-4.47—图1-4.50）

图 1-4.47　马来西亚柔佛古庙

图 1-4.48　泰国曼谷天华医院

图 1-4.49　新加坡潮州八邑会馆

图 1-4.50　澳洲潮州同乡会

CHAPTER 2

第二章

潮人优秀文化特质的
原乡载体

一 潮派建筑产生的人文土壤

潮州历史悠久、人文荟萃，素有"岭海名邦""海滨邹鲁"之美誉。"一方水土养一方人，一方人筑一方城"，正是潮州民系独特的文化基因孕育了独具特色的潮派建筑。因此，潮州文化是潮派建筑产生的背景和土壤。

这一片背靠五岭，面朝南中国海，东与闽南相接、与台湾隔海相望，被称为"省尾国角"的地方；这一片面积只有全国千分之一，却生活着全国百分之一人口，还有着几乎和本土人口相等的全球三分之一华侨的故乡；这一片物产丰饶、气候温和、山川秀丽、人杰地灵的土地，自魏晋之后，成为中原士民、世家望族逃避战乱的"世外桃源"。今天，这一片土地仍然被视为中国最适宜居住的地方之一。

由于潮州文化在漫长历史长河中的传承和发展，潮州民系一直保持着独特的文化特质和人文精神，并与广府民系、客家民系共同构成了广东三大民系。国际汉学大师饶宗颐教授在《何以要建立潮州学——潮州学在中国文化史上的重要性》一文中，论及潮州地区人文现象作为一个独立、深入探讨之研究对象时认为："凡此种种，具见潮州文化若干特殊现象，已不仅是地方性那样简单，事实上已是吾国文化史上的重要环节与项目。"雷铎教授在赞叹潮州独特的人文魅力时不无诙谐地调侃说，潮州民系可以称为中国的"第57个民族"。

翻开潮人的文化历史，古潮州曾经是一片蛮荒之地。但在漫长的岁月中，随着中原文化对潮州的浸润与影响，自唐以降潮州逐步实现文明转捩，成就了"海滨邹鲁""岭海名邦"之美誉。

唐宋时期，常衮、李宗闵、李德裕、杨嗣复与陈尧佐、赵鼎、吴潜、文天祥、陆秀夫、张世杰因被贬谪或转战之故，先后抵潮，有力地推动了潮州文化的发展，"十相留声坊"就是后人为纪念他们的功绩而建的。韩愈刺潮八月，在使潮人向着"知书达礼"华丽转身方面更是功垂千秋万世，潮州也因之"江山喜姓韩"。（图2-1.2）

　　唐宋"潮州八贤"赵德、许申、张夔、刘允、林巽、王大宝、卢侗、吴复古，明代"潮州后八贤"李士淳、辜朝荐、郭之奇、黄奇遇、宋兆禴、梁应龙、杨任斯、陈所献，以及薛侃、翁万达、林大钦、林熙春、林大春、唐伯元、黄锦、吴一贯、郑大进、丁日昌、方耀等历代贤达，通过言传身教使"文章华

图 2-1.1　《潮学研究》

图 2-1.2　一座座牌坊是潮人楷模贤德的体现

图 2-1.3　潮语"十五音"字典

国""诗礼传家"成为这一方水土家家户户铭刻着的印记。当代的饶宗颐、陈伟南等潮人翘楚，又为潮州的人文添上了浓墨重彩的一笔。

这里自古虽远离国家的政治文化中心，却将先秦至唐宋时期的中原古音古语忠实地保留下来，潮语潮音成为浸育潮人文雅气质的精髓所在，潮州方言凝固着遥远而亲切的古韵乡愁。潮语，又称潮音或潮州话，属闽南语系，是一种知名度较高的古老方言，包含了很多古汉语的成分，是潮州先民从中原经福建等地南迁过程中语言文化融合交汇的产物。（图2-1.3）

这里民风淳朴，当全球化的浪潮扑面而来的时候，历经千百年代代相传的潮人年节习俗、婚姻习俗、丧葬习俗、诸神崇拜习俗、礼仪习俗等一个都不见少。

这里每天都在上演着迄今已有近500年历史的戏曲——潮剧。潮剧，又名潮州戏、潮音戏、潮调、潮州白字、潮曲，是用潮州话演唱的一个古老的汉族地方戏曲剧种。作为中国十大剧种之一，潮剧比京剧、越剧、粤剧、黄梅

图 2-1.4　潮剧的扮相

戏等剧种更具悠久历史，是潮州最具代表性的文化艺术符号，成为维系海内外潮籍同胞乡情梓谊的重要文化纽带。2006年，其入选国家第一批非物质文化遗产保护名录。（图2-1.4）

这里的人们自小就接受潮州音乐的熏陶。潮乐所蕴含的协调、和谐、礼让、祥和的人文精神，是涌动在海内外潮人心中的生命律动。

潮乐因为保留了中华民族音乐的传统文化基因而被誉为"华夏正声"。

这里的人们追求精致的生活。潮州木雕、潮州石雕、潮州嵌瓷、大吴泥塑、潮州陶瓷和潮绣等精致艺术及其所蕴含的人文精神，渗化于潮人日常生活的方方面面，如同潮州农民有"种田如绣花"之美誉。（图2-1.5—图2-1.8）

这里还是潮菜之乡！潮菜与粤菜、客家菜构成广东三大菜系。潮菜源于潮州，有着悠久的历史。据史料记载，潮菜可追溯到汉朝。盛唐之后，受中原烹饪技艺的影响，潮菜演变发展很快。唐代韩愈刺潮时，对潮菜美味赞曰："章举马甲柱，斗以怪自呈。其余数十种，莫不可叹惊。"至明末清初，潮菜进入鼎盛时期，潮州府城名店林立、名师辈出、名菜纷呈。近代以来，由于潮籍海外华侨往来密切，潮菜博采海内外名食之精华，菜式更加丰富多彩，质量精益求精，影响范围更广。时至今日，潮菜

图 2-1.5　木雕

图 2-1.6　石雕

图 2-1.7　嵌瓷

图 2-1.8　贝灰塑

图 2-1.9 潮菜

已经发展成为独具岭南文化特色、驰名海内外的中国名菜之一。（图 2-1.9）

这里的人们喝茶最讲工夫！潮州工夫茶是融精神、礼仪、茶艺为一体的茶道，是"潮人习尚风雅，举措高超"的象征。潮人不论嘉会盛宴、闲处逸居、豆棚瓜下、担侧摊前，随处都可以提壶擎杯、长掛短酌。潮州工夫茶讲究茶具器皿配备之精良和烹制之工夫。茶壶、茶杯、茶盘、茶垫、水瓶、泥炉、砂铫、榄核碳等是必备的器具。而严格的烹制又需按泡器、纳茶、候汤、冲点、刮沫、淋罐、洒茶等程序进行，方能得到工夫茶之"三昧"。正是这些特别的器皿和烹茶之法，使工夫茶

图 2-1.10 潮州工夫茶

独具韵味、扬名天下。真可谓一茶入口，甘香润喉，通神彻窍，其乐无穷。小小一杯工夫茶蕴含了深厚广博的茶文化。（图2-1.10）

正是这一片海隅之地，在漫长的岁月中滋养、孕育并形成了独特的潮州民系与潮州文化，潮派建筑正是潮州文化的重要组成部分，也是潮州文化的一朵奇葩。

作为汉族诸多民系的一支，潮州民系及其独特的人文物产、风土人情、风俗习惯越来越受到世人的关注。潮派建筑作为潮州文化重要的组成部分，也以其独特的地方特色、深厚的历史积淀、不朽的建筑范例而焕发出特有的魅力。（图2-1.11、2-1.12）

图 2-1.11　潮派建筑的金漆木雕装饰

图 2-1.12　潮派建筑的石雕装饰

二 潮派建筑的主要人文特质

一方水土养一方人，也养一方宅。这方水土上的自然环境、人文习尚、古俗信仰正是一切建筑得于"成长"和"屹立"的土壤。因此，潮派建筑不但能够根植于潮汕大地，还迁播南洋诸国，享誉海内海外，这些都与岭海文明的熏陶分不开。

（一）省尾国角　山海雄镇

潮人聚居的粤东，位于中国大陆东南隅，与福建毗邻，北、东、西边境三面多山地，凤凰山脉纵横千里，桑浦山、北山、莲花山绵延叠翠，南面是茫茫的南中国海，韩江、榕江、练江三大主流水系自西北向东南逶迤入海，冲积成诸多河道纵横、平畴万顷的三角洲，是一片适合安居的富庶乐土。（图2-2.1）

秦朝设县置郡，潮地隶属南海郡，正式归入中国行政版图。汉代隶属揭阳县，后屡经更迭，先后有义安、瀛州、潮州之称，在很长

图 2-2.1　凤凰山脉

图 2-2.2 潮人多怀慎终追远的崇本精神

图 2-2.3 遵古礼宗庙为先

的历史时期里管辖海阳、潮阳、揭阳、澄海、饶平、普宁、惠来、丰顺、大埔9个县邑。"封疆虽隶于炎方，文物不殊于上国"，而且保留了中土失落的礼乐和古雅的方言词汇，堪称"山海雄镇"。

在这样的潮乡厚土和人文背景下，潮派建筑得以随着岭海文明的发展而推陈出新。考究历史上潮派建筑的发展变迁现象，素有"唐迹、宋祠、明邸、清宅"之说法。唐代建筑已不复可寻，但现在能找到的唐代建筑遗存仍可以见证潮州建筑早期的独特格局；宋代，中原战乱或饥荒之后，大批南下到潮州落户的官贵人家，甫一立足，尤为重视筑建怀抱祖德、慎终追远、饮水思源、报本返始的宗祠；宋元以后，潮州府范围内一些有一定官衔品位的贵族立祠之风渐盛，"望族营造屋庐，必建立家庙"；明代潮州人文鼎盛，经济繁荣，特别是在明朝中叶以后，朝廷允许平民修建祠堂，潮州民间于是呈现"聚族而居，族必有祠"的现象。（图2-2.2、2-2.3）

自明末至清代以后，潮州许多华侨在海外发财后，第一件事便是回到故乡修造敬宗念祖、教化子孙的或庞大、或繁复、或精美、或三者兼而有之的祠堂宅邸。作为中国海上丝绸之路重要节点的潮州，大量海外移民和华侨在东南亚等地以勤劳和智慧所获得的惊人财富，是支撑和实现潮派建筑之极致精美的不可或缺的条件。

（二）河洛衣冠　海滨邹鲁

今天，作为广东三大民系之一的潮州人，经过千百年岁月的打磨，已形成拥有共同的地域、信仰、价值观与生活方式的稳定族群，海内海外各有千万之众。生于斯长于斯的子民，先是彪悍桀骜的南蛮土著，或狩猎山中，或贩运海外，在文明人眼里，这群出入山林风浪的居民无法无天，难以驯服。魏晋之后，潮州不断涌入自河洛地区南下的衣冠望族。他们不仅带来物质财富，还有先进的礼乐文明，一番交汇融合，这片僻壤"流风遗韵，衣冠习气，熏陶渐染，故习渐变，而俗庶几中州"（道光《广东通志》卷九十二），从而赢得了"海滨邹鲁"之美誉。（图2-2.4）

在正统的叙事里，潮州人文教化的"开端事件"是唐代韩愈莅潮。这位在任不足八月的刺史，在当地名士赵德的协助下，注重农桑，延聘儒师，兴办乡校，赎放奴婢，驱鳄除害，言传身教，"自是潮之人笃于文行，延及齐民，至于今号称易治"（苏轼《潮州韩文公庙记》）。后世潮人对这位名儒谪宦也感恩知义，尊称"韩文公"，名山曰韩山，名水曰韩江，"潮州山水尽姓韩"，又立祠建坊以表追

图 2-2.4　潮人祭祀礼俗——"闹热"活动

图 2-2.5　韩文公祠

慕。（图2-2.5、2-2.6）

其实，潮州在唐代以前早已开始了儒化的历程。到了宋代，潮州科名鼎盛，文教繁荣，明代更达巅峰，名贤辈出，星河灿烂（出现了"前八贤"和"后八贤"）。他们在任则善治一

图 2-2.6　纪念韩愈的牌坊

方，心系民瘼；在野则独善其身，劝风导俗，将儒家的道德理想渗透进百姓的日用伦常中。其间更不乏师出名门的硕学鸿儒，如朱子的弟子郑南升、郭叔云，刊刻乃师著述，倡导《朱子家礼》，奠定下潮州的礼教传统。值得一提的是，明代中期王阳明创立的心学新思潮在潮州风靡，迅速形成囊括一时俊彦（如薛侃、林大钦、翁万达等）的地

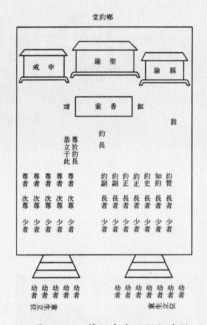

图 2-2.7　薛侃在乡里倡行乡约

图 2-2.8　"德润潮郡"的潮人习俗

域学术团体，这些心学信徒笃信良知，积极投入地方建设、办书院、行乡约、建家庙、修路桥、濬水利，其"知行合一"的淑世精神影响至今。（图2-2.7）

除了儒家礼制的熏染，佛道之教也是深入潮地民心，民间多神崇拜的习俗长盛不衰，由此形成宫庙庵寺建筑遍布城间乡野，时年八节"礼佛""游神""拜老爷"活动盛行的现象。值得一提的是，潮州佛教不断世俗化，将大乘佛教的入世行善思想落实到庶众里，令人瞩目的"结晶"就是清末民初大量善堂的建设（据统计，新中国成立前境内有500座之多），分香设堂，远播南洋（泰国曼谷"报德善堂"最负盛名）。这些善堂大多供奉宋代在潮阳弘法的高僧大峰祖师，以大峰为榜样扶危济困、救火赈灾、施医赠药、收骨敛尸，以大量善举而在海内外官民中享有极高的声誉。饶宗颐教授曾指出："潮人文化传统之源头，儒佛交辉，尤为不争之事实。"潮州历史人文的河床里，经久流淌着德治善化的精神源泉。（图2-2.8）

（三）创业精致　感恩包容

对潮人来说，大海既是绝境，也是生路。有多少"讨海"为生的人葬身浩渺烟波，又有多少敢于"出生入死"的人闯出一片新天地。生死所托，系于一海。大海也赋予了潮人灵活善变、流动不拘的生命智慧，这种"海洋文化特性"具体有四大方面的体现：勇创业、求精致、重感恩、善包容。

勇创业。明清以降，潮人大胆突破海禁，逐利海外，开启了大规模的移民拓殖。在封闭的海禁政策下，拓殖者们先是海寇豪雄，拥有武装船队，开辟了南洋诸多据点，筚路蓝缕，以启山林；一旦解禁，他们适时顺势成功转型，成了合法的大商帮，扬帆贩运，促进大陆与域外的贸易交流，侨民开枝散叶，抱团互助，诚信经营，遍布四海，"有海水的地方就有潮人"。近代梁启超曾著文表彰我国历史上知名

图 2-2.9　红头船

海外开拓者，其中两位潮人——张琏、郑昭（如果加上林道乾，即是三位），就是敢于开拓、创业垂统的翘楚。海上丝路带来的红利所产生的潮籍海外巨贾，又将创业获得的巨额财富用以家乡起大厝（华侨厝），为大批精致绝伦的潮派建筑提供了足够的资金支持，并使潮派建筑在潮籍华侨聚居地的东南亚诸国"开枝散叶"。而就国际化，即潮派建筑在异国他乡如此原汁原味且密集地"照搬"营造（如潮州会馆、天后宫、大峰祖师庙等）这一点，在全国其他各大建筑流派中也堪居冠首。

求精致。无论是"种田如绣花"的耕作方式，或者是精打细算的经商之道，抑或是精巧讲究的工夫茶艺，还是家居装潢的陈设修饰，皆极显敏锐细微之用心，"精致"几乎渗入潮人生命里的每个细胞，折射出潮人眷恋美好、精益求精的文化习尚。潮州先民因其来自北方的官贵家族带来的北地文化精神，加上本土地膏人密、人文荟萃，从而对一切事物养成了精益求精的细腻追求，两者合璧，共同推动了潮派建筑"精致、别致、极致"风格的形成。这些精美的潮派建筑艺术，除了给人以赏心悦目的艺术享受之外，更深层的意义是通过将戏剧中、神话中、历史故事中人们所喜爱和熟悉的人物形象与场景，经过巧妙的艺术处理创作成为一件件工艺品，展示了传统文化，蕴含了道德教化，使之成为维系社会族群的思想、达成社会共识的"教科书"。

重感恩。潮人心怀返本报始的感恩之心，即使远徙番邦，无论贫富贵贱，总不忘反哺故国乡土，这份情结凝聚在千千万万封越洋的书信（侨批）中。通过这些家书汇款，海外财富源源不断地汇入本土，支持故乡社会的建设，起大厝，造桥路，福荫乡里，所谓"番畔钱银唐山福"。"感恩，才能致福"是深嵌潮人心中的人生信条，基于这种乡梓情怀，大量的潮派建筑得以在潮汕本土和海外潮人拓植之地营造。

图2-2.10 澄海程洋冈丹砂古寺

善包容。潮人崇尚实用理性，有着涵容万善的海天襟怀。多姓聚居而共可祠，大族聚居而能以礼相让，特别是在信仰心态上，满天神佛，同归于善，皆可共祀一堂，皆得诚心礼敬。始建于明代的澄海程洋冈丹砂古寺（图2-2.10），前殿供奉释迦牟尼佛，中殿供奉文昌帝君，后殿供奉玄武大帝，偏殿厢房各供其他诸神，诚儒、释、道三教在潮地融合之典范。当然，包容并非和稀泥式的大杂烩，而是能后出转精、推陈出新，如清末民国建造的华侨厝，洋楼花柱、瓷砖玻璃，西洋潮与中国风一体合璧，毫无违和感，有"岭南第一侨宅"美誉的陈慈黉故居就是其集大成者。

CHAPTER 3

第三章

蕴含无言之教伦理道
德的乡土人文

一 奉先思孝，慎终追远

《论语》曰："君子务本，本立而道生。孝悌也者，其为仁之本欤。"潮人奉先思孝、敦亲睦族的传统极为深厚，起厝首重宗祠、家庙的营造。时年八节家家数典念宗、祭祀祖先，潮语称为"拜老公"。平常日子户户讲求父慈子孝，兄友弟恭。孝悌之家，每每成为族人、村人尊敬效学的模范。四乡六里每一座祠堂府第，都成为世代传承孔子"入则孝、出则悌"训诲之所在。

（一）宗祠家庙："拜老公"慎终追远

潮人时年八节家家户户"拜老公"（祭祖），是最为深入人心的重要礼俗，主要在宗祠家庙中进行。因此，潮乡的祠堂文化十分突出，祠堂成为每个宗族聚落的灵魂。清乾隆《潮州府志》载："聚族而居，族必有祠。"潮派建筑祠堂数量之多，甚至超越有"南海祠堂顺德庙"之誉的珠江三角洲。散布在四乡六里每一个聚落的宗祠家庙，都是潮人慎终追远、奉先思孝、祭祀先祖、敦亲睦族之所在。（图3-1.1）

潮派建筑这种以宗祠家庙为中心，集居住与祭祀于一体，左右护厝和后包围护的中轴对称的"从厝式"民居组群，具有非常强烈的向心性，附属建筑向中心汇聚，并按尊卑顺序围绕着展开，从而形成一个既抱成一团又向外辐射的建筑整体。这是

图 3-1.1 祭祖

图 3-1.2　宗祠家庙供奉的列祖列宗像

图 3-1.3　祖龛　　　　　　　　　　　　　图 3-1.4　香案

从古代中原世家大族居住的府第衍变而来的建筑形式，充分体现以"孝"为中心的宗法与伦理制度。

潮人的先祖，大部分是自唐宋以降从中原移民迁徙而来的，许多还曾是中原的世家望族，所以在长途跋涉迁徙到一个陌生的地方之后，自然而然地会怀抱祖德、报本返始，把自己遥远祖先的荣耀带到新居住地来，以此维系族人的荣誉感和归属感。因此，潮人在聚族而居的地方，往往考虑先安放好祖宗牌位，故建祠立庙、奉祀先人之风尤盛。（图3-1.2—图3-1.4）

《永乐大典·卷五千三百四十三·祠庙》载："州（潮州）之有祠堂，自昌黎韩公始也。公刺潮凡八月，就有袁州之除，德泽在人，久而不磨，于是邦人祠之。"可见，早在唐宋时期，潮州已有祠堂出现，不过那是为了纪念韩愈而建的。

宋元以后，潮州一些有一定官衔品位的贵族也建起祠堂，祭祀先祖，于是出现了"望族营造屋庐，必建立家庙"（清乾隆《潮州府志》），"望族喜营屋宇，雕梁画栋，池台竹树，必极工巧。大宗小宗，竞建祠堂，争夸壮丽，不惜货费"（《澄海县志》）等情况。而庶民，那时候依礼制还不允许建造祠堂。直至明中叶以后，朝廷才准许平民修建祠堂，潮人民间建祠之风便兴盛起来，出现"聚族而居，族必有祠"的盛况。

祠堂作为一个宗族的精神中心所在，也是代表宗族权力的神圣场所，通过宗族的祭祀活动，能够加强族人的凝聚力和亲和力，从而进一步树立宗族权威，其目的都是为了追祖德、报宗功，敦睦族谊，更好地传承血脉，延续荣光。因而潮人在建造宗祠家庙时，往往集中了本宗族最大的人力、物力、财力，使之成为汇聚建筑艺术与各种民间工艺精华的"殿堂"。

潮派建筑中的宗祠家庙大都郑重其事地立堂号而诲及后人，有寄托缅怀先祖之情的，如永思堂、孝思堂、崇本堂等；有显示宗功祖德的，如德邻堂、缵绪堂、世德堂等；有以先祖创业肇基处为堂号的，如四序堂、孔安堂等；有寓承祖训继往开来意愿的，如百忍堂、燕诒堂、馀庆堂等；有祈愿宗族福德绵长的，如介福堂、永福堂等。（图

图 3-1.5　宗祠家庙的堂号

3-1.5）

（二）宫庙和祠堂：拜神和拜祖之所在

潮人尤重祭祀之礼。逢年过节，四乡六里男女老幼依古俗古礼在宫庙"拜老爷"，在宗祠家庙"拜老公"或者于清明、冬至期间到祖坟上扫墓和祭拜祖先。（图3-1.6）《潮州志·风俗》对潮州人祭祀的礼仪有比较详细的记载：

祭祀之礼，俗尤重视，凡丧必祭、葬必祭、荣典必祭、冥寿必祭、上冢必祭、晋祠必祭、春秋必祭，此祭祖宗之礼也。上下丁祭、戊祭、文昌祭，此祭神之礼也。祭有普通礼及大礼等：普通礼，礼生二人，一兼通引，一人司祝，执事二人，司奉酒馔宝帛。大礼，礼生四人，一通，一引，二赞，执事二人，清朝概以生监为之，入民国后多学生充任。祭神则以爵位高者主祭，祭祖则以宗子及族贵者分主之。普通祭只在神位前行之，大礼，则多设一香案。至其仪式次序，如奏乐、开门、放炮、参神、盥酒、开樽、上香、读祝、初献、亚献、终献、酹酒、侑食、献毛血、受福、望燎、读嘏辞等。所设祭品，如猪羊五牲、粢盛、粿品、菜羹、茶酒、俎豆、香烛、镪帛、冥衣等。祭文则盛赞所祭者之功德。未祭之先一日，必请神下龛，安设尊位，今大埔风俗，仍有设斋戒牌，行省牲礼者，祭后即颁胙于主祭及礼生预祭等人。

当今的祭祀仪式基本沿袭着前人的传统，均以三献礼为行祭的最根

图3-1.6 开龛

图 3-1.7　泥沟村张氏宗族祭祖场面

本，次之为读祝文、读嘏辞等。当然，焚烛、上香还有各项酒水牲仪等是不在话下的。

以揭阳市普宁燎原镇泥沟村张氏宗族每年重阳祭祖礼俗为例，至今仍依古礼而行，仪程有：开门、提灯引路、开龛、致辞、主副祭就位、主祭盥洗、于香案前焚烛上香、行初献礼、进馔、读祝文、左右副盥洗并行亚三献礼、进馔、读嘏辞、主祭献汤饭、撤馔、焚祝文、化财宝等。在谒祖时，泥沟张氏裔孙多会邀请外地好友前来乡中观礼，并在行祭过程中，作为嘉宾于香案前行礼上香。行祭礼毕，接着由马头锣、钦和大宫灯开路，合族登山于始祖翠峰公妈及祖姑墓前开始拜谒祖墓，进行献礼仪式，礼毕下山，至此整个重阳祭祀活动才告

圆满完成。（图3-1.7）

（三）拜亭：阴阳际会的专设之地

位于祠堂后厅（主祭厅）之前的拜亭，是祭献牺牲和供族人行祭拜礼的场所，是与先人之灵对话或者是人神交集、阴阳际会之所在。

拜亭的设置，与潮派建筑风水学的讲究有关。为便于举办大型的宗族祭拜活动，宗祠家庙的厅堂必须阔大，一般根据"小堂宜团聚，中堂略阔而要方正，大堂宜阔大又忌疏野"的原则，厅堂过阔就不免"疏野"而不聚气。空间过大阳气太盛，与供奉祖宗神位的厅堂氛围不协调，因此潮人就在后厅与天井之间建拜亭，既可调控神位前可能过盛的阳气，又可为参与祭拜的子孙遮阳挡雨，还增添了建筑的气

图 3-1.8　从熙公祠拜亭屋脊

图 3-1.9　从熙公祠拜亭

图 3-1.10 潮州市潮安区庵埠镇仙溪村王氏大宗祠拜亭

图 3-1.11 潮州市潮安区金石镇辜厝村辜氏家庙拜亭

势。（图3-1.8—图3-1.11）

　　拜亭刚好处在祠堂的中心位置，是人们进入祠堂的视角中心，故其装饰常常最为精美华丽而又意蕴深长。比如拜亭的立柱，立四柱的多采用四方柱，立八柱的外四柱多采用圆柱或八棱柱，内四柱多采用四方柱或四棱柱。外圆内方，方圆兼济。这样的设计，除了追求变化之外，主要是提醒族人在为人处世过程中，居家要中规中矩、堂堂正正立身做人，出外要圆融通达、和和气气待人接物。

潮派建筑中宗祠家庙所设拜亭主要有两种：一种叫"连亭"，俗称"抱印亭"；一种叫"荫亭"，俗称"脱印亭"。"连亭"因其与大厅（堂）连在一起而得名，又称为"明堂连亭"。"荫亭"没有与大厅（堂）相连，两者相距一尺以上。据说"荫亭"须家族中受过朝廷褒封嘉奖的人才有资格设立，取意受朝廷庇荫。"荫亭"因与大厅（堂）不连接，看起来似是立于天井之中，民间又称之为"天命荫亭"。

（四）允执厥中，恪守礼制

潮人在建筑营造中讲求礼法，起居得宜，处处体现尊卑有别、长幼有序、知书达礼、通情重义之人情物理。登堂而陈俎豆，入庙则整衣冠，序昭穆以敦族谊，怀感恩故倡德义，时年八节尤重祭祀之礼，民性宅厚则常急功好义。是故，"岭海名邦""海滨邹鲁"之美誉，正是对这一片礼义斯文乡邦之历史定论。

（五）厝局功用重礼法

儒家伦理思想的核心为"礼"，《左传》曰："礼，经国家，定社稷，序民人，利后嗣者也。"其本质就在于"序民人"，即建立上下、尊卑、长幼之伦理秩序。潮人在漫长的人文历史过程中所形成的礼俗良序，渗透于社会生活的方方面面，其中包括附加于潮派建筑的有关"礼"的功能，即通过对潮派建筑的吸纳，而转化为一整套的伦理体系。

潮州民居多遵儒家中庸思想，它们都有明确的中轴线，以厅堂为中心组织空间，建筑格局左右对称、主次分明，规模大时则纵向延伸或横向发展，规模更大时则多厅堂组合，或并列数条轴线，形成多院

图 3-1.12　宗祠家庙的中轴线

落组成的大型民居，因为带有祭祖、敬神的功能，厅堂的中心地位在空间组合中处于无可替代的重要位置。

　　同时，宗祠是敦亲睦族、举行宗族活动之纽带，也是衡量宗族实力之窗口。它在强化传统礼制上的作用与影响不言而喻。在民居中，礼制秩序对建筑形制格局和使用功能的影响十分明显。（图3-1.12）

（六）祠堂碑刻序昭穆明辈序

　　潮人十分重视宗族文化的传承弘扬，建祠堂家庙时常立碑为记，强调立祠建宇的目的意义乃承先泽而崇本源，序昭穆而敦族谊。其中提及的昭穆制度，是指宗庙制度之一。古代的庙制规定，天子立七庙，诸侯立五庙，大夫立三庙，士立一庙，庶人无庙，以此区分亲疏贵贱。延伸到民间，祠堂神主牌的安放次序也依昭穆制度而行，即：太祖居中；二、四、六世居左，称为"昭"；三、五、七世居

图 3-1.13　祠堂牌位均依昭穆制度安放

右，称为"穆"。下类推之。（图
3-1.13）

潮人的宗族文化正是以宗亲族
谊的认同与强化为目的，以家族
的存在与活动为基础，注重家族的

图 3-1.14　祠堂中常见的辈序碑

延续与敦睦，并强调个人服从群体秩序的文化系统。故祠堂中又多铭
刻着世系辈序碑，祭祖、设宴和议事均须按长幼尊卑礼仪而行。（图
3-1.14）

潮州市潮安区龙湖寨黄氏宗祠的堂号为"明序堂"，"明序"之
意正在于此。

（七）门当户对礼法明

潮州民居大门石门框外侧常摆有一对石鼓，门楣上常有门簪之装

图3-1.15　户对"财丁"（右）"贵寿"（左）　　　图3-1.16　门当

饰，两者都有别称，即门当和户对。

石鼓多安放于祠堂大门门框边，与框相连接，民间认为有镜与鼓之分，代表宗族所出的官员官阶品级高低。用石镜主要是提醒进入祠堂办事或参加祭祀活动的子孙后代，到此"镜"前要整理衣冠，才可登堂入室。而潮州民居的每个门框上均有门簪（户对），常以经典的二字或四字吉辞作九叠篆之装饰，几乎每个门框上均可见到，此也为宗族门第高低之体现。（图3-1.15、3-1.16）

古人讲究"门风相对，阀阅相当"。过去人们提亲，多要看对方祠堂石鼓、门簪是否与自家的相匹配，这也是"门当户对"的出典。

（八）旗杆石上看功名

潮派建筑的宗祠家庙前面旷埕，常设有旗杆石，也称旗杆夹，是科举时代立功名旗的地方，起支撑固定旗杆的作用。古人对通过科举考取功名十分重视，凡是经过科举应试获得功名者，就可在宗族祠堂前竖起一

图3-1.17　祠堂前的旗杆石

支木旗杆，即为考取功名者树旗。旗杆下方往往会立两块麻石块以夹住旗杆，麻石上记载了族人考取科甲功名的情况，这两块石头因此也被称为功名夹或功名碑。功名夹越多，表示这里出的人才越多。（图3-1.17）

依照科举时代的礼制，立旗杆石很有讲究，旗杆墩的高度、宽度和形状都有讲究，中进士的比中贡士和举人的高，举人的只能采用四边形，进士的可建六边形或八边形。旗杆石的造型也有讲究，文进士、文举人的多是刻着笔尖造型，武进士、武举人的多刻为戟或兽头。

（九）出入礼门义路间

礼门义路，常见于潮州民居两边从厝的巷门题额。"礼门义路"，语出《孟子·万章下》："夫义，路也；礼，门也。唯君子能由是路，出入是门也。"意思是说，礼好比是大门，义好比是大路。礼门义路好像时刻在提醒出入者要加强自身修养，做到知书达礼、有情有义。（图3-1.18）

图3-1.18　从厝巷门题额

（十）明礼习让君子德

"礼让"即守礼谦让，是一种需要后天修习而成的德行。它既是国家治理的原则，也是人际交往的规矩。因

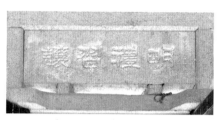

图 3-1.19 潮州民居门楼的书法匾额"明礼习让"

为"礼节民心，让则不争"，故强调做人须明白礼，学会让。（图 3-1.19）

（十一）天人合一，藏风得水

潮派建筑的营造，尤重"天人合一"之风水理念，透过五行相生相克的辩证，推及宅院厅堂的布局，以至于古今中外文化的融合，故一屋宇一村落乃至一砖一瓦一柱一石，皆可窥见潮人之生态智慧。

（十二）天地人和与生态智慧

有人说风水学是迷信。是的，潮人讲究风水的习俗中，也存在一些迷信的成分，这里我们且撇开不谈，只谈其中符合科学的一些内容。以下内容借鉴了雷铎教授对风水学与生态智慧的一些看法。由此可见，在潮派建筑营造中，潮人对风水学理念的重视和讲究。

潮州处在北回归线附近，故潮派建筑喜欢选择坐西朝东、坐北向南的方位，常强调按主体建筑背靠玄武、面朝朱雀，左青龙、右白虎的风水格局来定分金（中轴线），因为这样的布局冬天就能够由玄武之背靠挡住北方寒流，而东南向阳，又能够最好地受到日照。同时，厝落之前最好有池塘，再前最好有河流，这样就能够得舟楫之便，又能够灌溉、饮用、排污和灭火。厝落稍远，最好有朝山和案山，起

到天然的照壁和屏障作用。上述理想的人居风水格局，其中之"风"，可以理解为空气，也代表天；"水"指水土，即代表地。所以潮人所讲究的风水，实际就是天与地，人居住在天地之间，天、地、人非常和谐，就达到了所谓"天人合一"的效应，人居住才会感觉舒服、健康。（图3-1.20）

图 3-1.20 潮州民居的选址对风水十分讲究

所以，潮人选择居住地风水的方法，可以归纳为"察、堪、定、筑、养"五个方面。"察"是对拟居住之地的大形大势来龙去脉的观察判断。"堪"就是堪舆或勘察之意，古人谓"称土尝水"，就是研究水质和土质是否宜居。"定"和"筑"就是确定地点、分金（即方向）之后盖房子。"养"就是居住下来之后，对所在地的环境要善于保护，才不会水土流失。（图3-1.21）

而在潮派建筑的风水学理论中，最离不开的是金、水、木、火、土五行相生相克原理的应用。雷锋教授的《十分钟风水学》论及：金代表天空、太空、空气；土代表大地、土壤；水代表水源、水质、地

图 3-1.21 雷锋教授手绘的风水格局图

下水；木代表植被；火代表能源和灾害。故用科学理念来解读五行相生：好的空气和气候保证有好的水源；好的水源保证有好的植被；好的植被保证有洁净的能源；洁净的能源保证有好的空气。而相克即是：污浊的空气影响了植被的生长；不良的植被造成水土流失；水源污染和枯竭会消耗大量能源；过量的能源消耗会破坏空气质量。

由此可见，五行相生相克的智慧竟然暗合了现代的自然环境保护理念。潮派建筑的风水学的精髓所在，其实正是利用地形、天文、气象等学问，融入了五行相生相克和阴阳辩证的哲学观，让人与上天讲和、与大地讲和，尽量做到"顺天"。这种"天人合一"的理念，其实是几千年来一直贯穿于中华民族"观乎天文以察时变，观乎人文以察天下"这样的体系之中的，它融汇了儒、释、道三教的思想，包含了中华文明的深层底蕴。

（十三）五行山墙：潮州民居的标志性符号

"五行山墙"是潮派建筑除了"下山虎""四点金""驷马拖车""百鸟朝凤"等建筑形制的讲究之外，另一项最具独特风格的建筑标志。潮州有描状"五行山墙"的民谣：金者头圆而足阔，木者头圆而身直，水者头平而生浪，火者头尖而足阔，土者头平而体秀。（图3-1.22—图3-1.27）

五行是古代先民朴素的辩证唯物哲学思想。古代先民认为，天下万物皆由五类元素组成，分别是金、水、木、火、土，彼此之间存在相生相克的关系。山墙，潮州人又称为"屋耳"，是指房屋左右两侧的外墙，起分隔相邻房屋和防火的作用。

"五行山墙"，顾名思义是以金、水、木、火、土五种样式来装饰的山墙，即在山墙中融入五行相生相克原理而建。人们通过对地形地貌之五行格局与屋主生辰八字等关系的分析判断，来确定能够相生的五行因素，并由此定择山墙的五行类型。这是潮派建筑山墙建设的

图 3-1.22　金式山墙

图 3-1.23　木式山墙

图 3-1.24　火式山墙

图 3-1.25　水式山墙

图 3-1.26　土式山墙

基本原理，通过天、地、人的五行相生相克关系，实现和而不同、"天人合一"的辩证统一。

（十四）藏风聚气：厅堂、天井和过白

　　潮派建筑的厅堂建设在通风、采光和风水上都相当讲究。空间处理上，要求人站在祖龛前面望向天井，必须能看到天空，也就是看前向前落时，厅堂封檐与前落的屋脊必须留有一定空间可望见天空，俗称"过白"。过白能够确保坐北朝南的宅院厅堂在正午时太阳光能够直接照射到厅堂中央，达到采光的作用，防止屋宇过于阴暗。从风水学角度，则为达到阴阳平衡，解决空间的围与合的问题，营造聚气与通透的环境。而潮州民居的天井所起的通风采光功能，实际上正是为了起到阴阳互补的作用，使宅院内部形成内外交融的共享空间。人处在宅院中，就可以通过天井直接与天地、与自然实现对接。这正是

图 3-1.28　后厅和天井　　　　　　　　图 3-1.29　后厅和过白

潮派建筑营造"天人合一"生态哲理观的具体表现。（图3-1.28、
3-1.29）

（十五）红砖贴法：独特装饰理念的呈现

"客厅人，房内丁，天井通廊田，六角厅亭天地齐。"这是潮派
建筑中民居铺红砖的样式及其包含的意蕴。

"客厅人"指的是客厅地砖连接缝为"人"字形，也就是在铺砖
时将砖角朝上与厅前壁墙相对，形成"人"字形的线条。因为古人认
为厅堂客人要多，家运才旺。（图3-1.30）

"房内丁"指的是在铺房间红砖的时候，砖与砖之间铺成"品"
字状，这样接缝便形成了"丁"字形。房间是休息与生息之所，铺成
"丁"字形是希望家族添丁进口。（图3-1.31）

"天井通廊田"指的是铺设天井和通廊地板砖的形式，即将砖铺
成"田"字形，也就是并排铺设。农耕时代有田有地才是固本之基，
天井通廊地板砖铺"田"字形是希望田地多。（图3-1.32）

"六角厅亭天地齐"指的是六角砖的铺设形式，六角砖即六边形
之砖，此砖主要铺设于厅、亭，铺设的时候砖的一边要与前后的墙边
平行，取六合佳、人缘好之美意。（图3-1.33）

图3-1.30 "客厅人" 图3-1.31 "房内丁"

图3-1.32 天井通廊田 图3-1.33 六角厅亭天地齐

二 精致细腻，意蕴丰富

（一）慎终追远：诗礼传家训诲儿孙

潮派建筑的宗祠家庙常镌祠训、族训等道德教化的文字。位于揭阳市普宁燎原镇泥沟村的张氏本祖祠，门楼匾额所镌的"本立道生"四字，语出《论语·学而篇第一》："君子务本，本立而道生。孝悌也者，其为仁之本欤。"该祠门肚还有两块隶书碑刻家训，意在教育后人不要忘记列祖列宗，要尊礼祭祖，积德累仁，奉先思孝，光前裕后。张氏本祖祠号"崇本堂"，意在寄托缅怀先祖之情。"崇本堂"的祖龛做工极其精致，其金漆木雕工艺精湛，金碧辉煌，巧夺天工，堪称金漆木雕的杰出代表作，是潮人不惜赀费以建祠祭祖之产物。（图3-2.1、3-2.2）

图3-2.1　张氏本祖祠匾额刻石"本立道生"　　　　图3-2.2　"崇本堂"祖龛

（二）借物赋意义理丰

【十三太保】潮州民居的屋顶常设有十三根木榐，民间口口相传，赋予了这些构件具有伦理意蕴的解读，视这些木榐如同齐心协力的兄弟撑起屋顶，故称之为"十三太保"，木榐即叫"太

图3-2.3　十三太保

保"。"十三太保"传说是唐朝末年节度使李克用（后被其子李存勖追封为后唐太祖）的十三位儿子。潮州民间将屋顶木榐称为"十三太保"，意在说明这些构件对房屋营造的重要性，还蕴含兄弟同心共担当的内涵。（图3-2.3）

【有幸同孝】图为潮州民居常见的木雕装饰构件，民间称之为"有幸同孝"，蕴含着孝悌之美意。该图案主要由茼蒿草和杏子组成，茼蒿也称菊花菜、无尽菜等，因潮语中"茼蒿"与"同孝"谐音，故潮州民间称之为"同孝菜""同孝花"。"同孝花"中间配以杏子，潮语"杏"与"幸"同音，故这幅图的立意是"有幸同孝"，主要内涵是：有缘成为兄弟，就要一起孝敬父母长辈。（图3-2.4）

图 3-2.4　有幸同孝

图 3-2.5　富贵大吉

【富贵大吉】图为潮州民居屋脊上的嵌瓷装饰画"富贵大吉"，由牡丹花和鸡组成。宋代周敦颐在《爱莲说》中提到："牡丹，花中之富贵者也。"民间常将牡丹作为富贵的象征。而"鸡"与"吉"谐音，寓意"大吉祥"，故牡丹和鸡作装饰图案立意为"富贵大吉"。此外，潮州民居常以公鸡作为装饰图案，还有取其"五德"之蕴，即：准时报晓之信德，不独食之仁德，头戴冠之文德，爪锋利之武德，偶好斗之勇德。（图3-2.5）

【尊师护礼】图为潮州民居常见的木雕装饰构件"尊师护礼"，图案中狮子作蹲卧状，因"蹲"与"尊"谐音，"狮"与"师"谐音，故含有"尊师"之意。民间传说狮子是守护礼法的神兽，故该图案可作"尊师护礼"之解。祠堂是家族祭祀祖先之地，也是宗族议事和执行乡规族法之所，此图案常用于祠堂大厅前走廊横梁上，意在提醒子孙后代要尊师护礼。（图3-2.6）

【子孙义楹】潮派建筑厅堂屋顶之中楹下面，常可见有一条小楹，民间称之为"子孙楹"或"子孙义楹"。"子孙义楹"的设立，有减轻中楹压力的作用，取

图 3-2.6　尊师护礼

图 3-2.7　子孙义楹

其"义举共担"之功，同时蕴含着子孙繁衍之美意。此外，中楹的形状是圆的，"子孙楹"的形状是方的，取天圆地方之意。圆，是中国道家通变、趋时的学问；方，是中国儒家人格修养的理想境界。老子曰："凡人之道，心欲小，志欲大；智欲圆，行欲方……智圆者，无不知也；行方者，有不为也。"圆方互容，儒道互补，构成了中国传统文化的主体精神。（图3-2.7）

【清廉垂庭】潮州厝门楼屐头下常见有石雕或木雕的垂花柱装饰构件，民间将其称为"清廉垂庭"或"宝相垂庭"。垂下的花柱是莲花造型，因"莲"与"廉"谐音，故称为"清廉垂庭"，意为教化子孙后代为官要保持清廉。此外，莲花作为佛教文化中的宝相花造型之一，还蕴含着圣洁、端庄、美好之意。（图3-2.8）

【石镜兽趾】图为潮州市潮安区彩塘镇金砂村从熙公祠门楼肚墙壁上的石构件装饰。上面是镂空石雕图案，中间是石镜，下面是兽趾（足）。这种石镜装饰，在潮州民居中十分常见。石镜的造型可圆、可方、可菱。古人在大门口

图 3-2.8　*清廉垂庭*

的墙上设置石镜子，是时刻提醒后人要常常照镜自检，知耻明礼，加强修养。诚如汉代荀悦在《申鉴·杂言上》中所言："君子有三鉴，世人镜鉴，前惟训，人惟贤，镜惟明。"而最下面的兽趾，则含有负重明志之意。民间有一种解读认为，"趾"与"止"谐音，因此也有教育后人"知止不辱"之意。（图3-2.9）

图 3-2.9　石镜兽趾

【八宝麒麟与猃兽】潮州的宗祠家庙大门对面，常可见装饰着所谓"八宝麒麟"的照壁，通常由座、身、顶三部分组成。民间所称的这些照壁上的麒麟，有的双足腾空，口喷烈焰；有的脚踏云朵，怒目圆睁；有的张开巨嘴，似将吞日。传说依照礼制，麒麟虽形态各异，但站跪姿势必须由宗族所出官员的最大官阶品级来定。一般是一品跪三脚，二品跪二脚，三至五品跪一脚，六品以下麒麟不可跪，否则就是僭越。此外，照壁上的麒麟一般还有葫芦、团扇、宝剑、莲花、花篮、渔鼓、横笛、玉板（又称阴阳板）等所谓的"暗八仙"器物，各代表"八仙"的神通和法力。"暗八仙"在照壁中的位置除宝剑要在照壁正上方外，其他宝物多被麒麟踩在脚下或分散置于周围。

让人觉得不可思议的是，在山东曲阜孔庙内壁上，也有一个形状与潮州宗祠家庙照壁上的"八宝麒麟"图案非常相似的动物，但却不叫麒麟，而叫"猃兽"。传说是天界的猛兽，凶神恶煞，能吞金银财宝。尽管在它的脚下和周围全是宝物，连"八仙"的宝贝都已占有，但它仍不满足，还想吃掉太阳。于是，它不顾危险下海向太阳游去，最终体力不支，命丧沧海。全国许多地方的府衙门口和官宦人家的照壁常绘此图案，借以提醒观者不能有贪念，要引以为戒。上海市松江区城隍庙、浙江省绍兴市大禹陵、安徽省绩溪县湖村章氏宗祠、福建省泉州市开元寺的照壁上，所装饰的也都是这种獬兽。

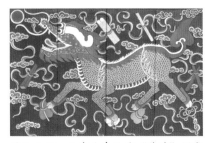

图 3-2.10　山东曲阜孔庙"獬兽"图案

那么，照壁上的装饰究竟是八宝麒麟还是獬兽呢？这一现象已引起了学界的关注。台北科技大学、南华大学的方祉璋、吴传威、赵家民、董心平在《"八宝麒麟"辩证》一文中，考证了所谓"八宝麒麟"图案，认为应该是从獬兽演化和衍生出来的解读。而獬兽是明太祖朱元璋为肃贪而下旨在全国县衙公署等处的照壁上设立的起警示作用的装饰图案。该文还称："今人宁取其名为八宝麒麟，展现对权力物欲的追寻，而忽略獬兽的史实原意及其教化价值，着实令人扼腕。"

同一题材的照壁装饰图案，因为不同的时空而有着一体两解且截然不同的解读，这种现象在建筑文化研究中可能是极为少见的和引人深思的！（图3-2.10、3-2.11）

图 3-2.11　潮州市湘桥区官塘镇巷下村陈氏大宗庙照壁

（三）经典故事利教化

潮派建筑祠堂宅第和庙宇常见以经典戏出、神话故事和道德故事等为题材的装饰图案，这些内容通俗易懂的图案无不对后代起到潜移默化的教化作用。

【二十四孝寻常见】"二十四孝"是潮派建筑中宣扬儒家孝道思想的常见题材之一。孝道系列故事，在宗祠家庙和宫庙中又常配以"古来尽孝如此，汝辈居家若何""今日能为子弟，他年便是父母"的对联，无时不在提醒后人要以孝为本。当然，"二十四孝"是古代倡行孝道的产物，体现了传统对"孝"的重视，但当代人在弘扬"孝"文化中，必须去其糟粕，取其精华，有所扬弃。（图3-2.12）

【忠臣化身为门神】潮州民居中的门神主要有神荼、郁垒、钟

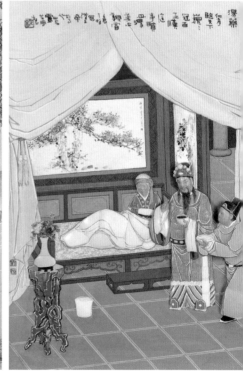

馗、秦琼、尉迟恭、上官婉儿、平阳公主和哼哈二将等，其中神荼、郁垒是家宅的门神；秦琼、尉迟恭是祠堂的门神；钟馗是后门的门神；上官婉儿、平阳公主是女神祇如妈祖庙、地母庙、送子娘娘庙等的门神；哼哈二将为庵寺的门神。这些门神中，尤以秦琼、尉迟恭最为多见。老百姓为什么喜欢以秦琼、尉迟恭为门神呢？

传说，唐太宗李世民早年降瓦岗寨、扫窦建德、镇杜伏威，杀人无数。玄武门

图3-2.13 宗祠家庙的三山门门神

图3-2.12 二十四孝之为亲负米、亲尝汤药、扇枕温衾、孝感动天（从左至右）

政变取得帝位后，唐太宗更加梦寐不宁，经常梦见魑魅魍魉在寝殿内外，令其不堪折磨。有大臣提议让秦琼和尉迟恭二人披甲持械守卫于宫门两旁，以他俩的神威，也许能吓退一切邪魅，随后真的夜夜平安无事。后来，唐太宗遂让画师绘制两人的戎装之像悬挂于宫门，果然安寝无碍。民间闻知后广为效仿，两位忠臣遂成为门神。

门神既有民间信仰存在的历史传承，也是人们对代表忠诚和正义的道德楷模的崇拜，将其画于大门，是在教育后人要像门神一样尽忠为国。（图3-2.13）

【忠诚信义武圣人】古榕武庙（关帝庙）位于揭阳市天福路，坐北朝南，占地面积1400平方米，始建于明万历二十九年（1601），历代均有重修。其结构为三间三进四合院布局，入门即前厅，厅顶有八边形木雕藻井，图案繁缛，题材丰富，刀法娴熟，匠心独运，其中有许多为三国故事以及潮人讨海与农耕生活的画面。古榕武庙的藻井以及前檐、拜亭、梁架的木雕工艺极其精致，具有鲜明的时代和地域特色。主体建筑从头门、两廊、拜亭、大殿到后楼，组合严整，景象壮观，结构稳定刚健，充分体现了明清建筑风格和潮派建筑的特色。2013年，其被列为全国重点文物保护单位。

古榕武庙奉祀的是忠义贯乾坤的"武圣人"关公。关公忠、诚、信、义的道德品格受到历朝历代官民的尊崇，对关公的崇拜传递闪

图 3-2.14　古榕武庙正殿

图 3-2.15　古榕武庙正门

耀着尽忠、向善、怀义、守信的道德光辉。（图3-2.14、3-2.15）

【悬鱼太守坚拒贿】图为潮州民居山墙上的装饰图案"悬鱼"。民间多认为与"羊续悬鱼拒贿"的故事有关。

东汉著名的廉吏羊续任南阳太守时，属下一位府丞给他送来一条当地有名的特产——白河鲤鱼。羊续拒收，推让再三，但府丞执意将鱼留下。府丞走后，羊续将鱼挂在屋外

图3-2.16　悬鱼

085

的柱子上，风吹日晒，成为鱼干。过了一些日子，府丞又送来一条更大的白河鲤鱼。羊续把他带到屋外的柱子前，指着柱上悬挂的鱼干说："你上次送的鱼还挂着，已成了鱼干，请你一起都拿回去吧。"这位府丞甚感羞愧，悄悄地把鱼取走了。后人赞叹羊续廉洁自守，尊称其为"悬鱼太守"。后世就在房屋的山墙位置，以"悬鱼"为装饰图案或装饰构件，教化子孙后代要廉洁拒贿。"羊续悬鱼拒贿"与"子罕不贪为宝""鲁相嗜鱼不受""杨震暮夜却金""宋弘糟糠之妻不下堂""包公铁面无私丹心忠""况钟不带江南一寸棉""于谦清风两袖朝天去"等成为中国传统的清廉典故。（图3-2.16）

三　睹物思人，楷模贤德

潮汕大地历史上人文荟萃，人才辈出。因此，与历代名贤仕宦相关的建筑广泛散布在潮邑各地。这些潮派建筑，有的是名人的故居宗祠，有的是纪念先贤的牌坊碑刻，有的是留下贤德俊彦躅迹文心印记之所在。睹物思人，见位闻声，后来者总是能够透过这些建筑的营造理念、建筑格局、形制功用、装饰构件等传递出来的人文物象，引发对楷模贤德的崇敬之情和思考。

（一）德让堂：至德孝让吴复古

"德让堂"是揭阳市揭东区炮台镇南潮村吴氏家庙的堂号，该村为"潮州八贤"之一的吴复古所创。（图3-3.1、3-3.2）

吴复古（1004—1101），字子野，号远游（宋神宗所赐），揭阳县人，世居潮州府城。吴复古自幼天资聪慧，博学多才，性格豪爽而仗义。本可以承袭其父吴宗统的翰林侍讲之荫，却让给庶兄吴致政。后被举孝廉，官授皇宫教授。但吴复古厌恶官场尔虞我诈之恶习，淡泊仕途，不久即以孝养为辞上表告退，回到潮州侍养父母，教养子

图 3-3.1　德让堂

图 3-3.2　吴氏家庙

弟。其父去世之后，吴复古一家归隐揭阳南潮，并在一江之隔的麻田山庐墓守制。

吴复古自称："黄卷尘中非吾业，白云深处是我家。"他晚年不问时政，常外出云游，与苏东坡等名士至好。他在苏东坡等人眼中是一位超凡脱俗、气概非凡的有道之士。卒年97岁，东坡先生称其"急人缓己，忘其渴饥，道路为家，惟义是归"，"必将俯仰百世，奄忽万里"。

（二）莲花古寺：张伯举名著南天

"莲花古寺"位于汕头市澄海区莲花镇十五乡，始建于元至元二十六年（1289），清嘉庆十二年（1807）重建，民国26年（1937）重修，是后人为纪念宋代著名廉吏张夔而建。（图3-3.3、3-3.4）

张夔（1068—1161），又名伯举，号致尧，生于海阳县隆眼城（今属澄海区莲华镇），北宋政和八年（1118）进士。登第后任茂名知县。有富豪犯法，买通属吏向张夔行贿。张夔拒贿，秉公执法，将富豪定罪，属吏革职。案件上报至茂州，富豪中伤张夔，引起太守的怀疑，逮捕属吏讯问。张夔抱着卷宗到茂州自我辩解，并上缴委任状

图 3-3.3 莲花古寺

图 3-3.4 廉吏张夔为后人所奉祀

要求辞官。太守弄清案情之后，治了富豪的罪，挽留了张夔。张夔因为清廉正直，被誉为"南中诸县第一清介廉吏"。宋高宗因此为其题"名著南天"匾额予以褒奖，并将其提升为廉州通判。廉州产沉香、黄金，到廉州做官的人无不中饱私囊，为官一任，满载而归，张夔却一无所取。

（三）王氏家庙、秋台坊、王大宝墓：忠直刚正王老虎

王氏家庙位于海阳县龟湖汤头乡（今潮州市潮安区归湖镇金丰村）。该家庙有一副门联"唐室功臣节度使，宋朝名宦尚书家"。其中下联所写的"宋朝名宦"，就是南宋名震朝野的王大宝。潮州府城大街的"秋台坊"也是为纪念王大宝而建。（图3-3.5、3-3.6）

王大宝（1094—1170），又名元龟，早年被选入太学读书，南宋建炎二年（1128）得中进士，廷试第二，为宋代岭南唯一榜眼，后世尊为"岭南六先生"之一和"潮州八贤"之一。

王大宝及第为官之后，曾历任南雄州教授、枢密院计议、差监登闻鼓院和进直敷文阁学士等职。他体恤民情，忠直刚正，为世所称道。绍兴三十二年（1162）六月，宋孝宗即位，锐意于革弊兴利，先为岳飞、赵鼎平冤，并召回了张浚，王大宝被授为礼部侍郎。王大宝履任伊始，即向孝宗进言"先明国是，而行之以果断"，不久被授为右谏议大夫，接着又兼侍讲学士。作为谏议大夫，王大宝敢于直言，不避权贵，不赦佞臣，先后奏劾、罢免了新任潭州知州刘章、南雄州知州廖迟、广西提点刑狱方师尹、福建转运副使樊光远、观文殿大学士致仕沈该、观文殿学士提举汀州太平兴国宫朱倬、左通议大夫参知政事汪澈、川陕宣谕使王之望等官员，一时朝野为之震动。朝中奸佞，心惊肉跳，称他为"王老虎"。王大宝任谏议大夫时与王十朋齐名，并称"二王"。

王大宝最为难能可贵的还在于他力主抗金和北伐以收复失地。他

同情赵鼎，支持张浚。在赵、张深受迫害之际，仍交往不辍，置奸人陷害于不顾，其耿直为后人称道。宋乾道元年（1165）五月，王大宝任礼部尚书，但不久受到两次弹劾，后被迫辞官回乡，再未出仕。

王大宝去世之后，王十朋写了《祭潮州王尚书文》，称道王大宝"身虽可屈，肠不减刚。归老于家，天相寿康。名德益尊，如曲江张，如余襄公，如日南姜。盍归乎来，弼谐赞襄"。可见王大宝声望之高。

王大宝长于经学，尤精于易。他著述颇丰，计有《周易证义》十卷，《谏垣奏议》六卷，《毛诗国风证义》六卷，《经筵讲义》二卷，《遗文》十五卷，还有《诗解》《书解》《易解》，惜今俱不存，仅有若干诗文，散见于《永乐大典》和《广东文征》等书中。存世文章有《韩木赞》《清水阁记》《放生池记》等三篇。

王大宝去世之后，葬于今潮州市潮安区归湖镇神前山，其地俗称"沉江月"，占地约4亩（1亩≈666.67平方米，下同），筑于宋乾道六年（1170）。墓地向西，墓碑高约2.3米，楷书阴镌"宋礼部尚书大宝王公墓"。墓前排列着南宋大型石雕群，计文武翁仲、石狮、石羊、石笋、石望柱、石马等14件，石雕线条粗犷，工艺简练古朴，反映了南宋的雕刻艺术水平和风格，是广东省现存为数不多的大型宋

图 3-3.5　王氏家庙

图 3-3.6　秋台坊

图 3-3.7　王大宝墓

代石雕。1989年，王大宝墓被列为广东省重点文物保护单位。（图3-3.7）

（四）刘氏家庙：仁怀家风刘知州

潮州市湘桥区意溪镇东津村刘氏家庙奉祀的列祖列宗中，尤以刘允及其儿子刘昉、刘景最为著名。（图3-3.8、3-3.9）

刘允（？—1125），字厚中，北宋海阳县人，自幼勤读经史，聪慧过人，宋绍圣四年（1097）丁丑进士。登第后，历任循州户曹、程乡知县以及新州、循州、梅州、化州、桂州知州，人称刘知州。

刘允初任循州（今龙川）户曹，发觉官仓积弊严重，官府巧立名目，向百姓横征暴敛。于是他采取措施，严禁多收"横费"，终于将多年积弊予以革除。在程乡（今梅县）知县任上，因天旱失收，州守还一味催租。刘允为民请命，具丰歉状入奏朝廷，使程乡灾民特准免租。徽宗政和年间，刘允擢升为化州知州。化州南濒大海，盛产玳瑁、翡翠。地方官常以内库之钱购买奇珍异宝敬献上司，令民不堪其苦。刘允到任之后，将弊政全部废止。

刘允为人胸怀坦荡，通经史，"以至天文地志，医卜杂书，靡不赅贯，所著文存者二百余篇"，特别是辑成《刘氏家传方》（刘允撰，刘昉辑抄，已佚），成为潮州第一部医书。刘允卒后还立下遗训，嘱咐儿孙辈勤俭持家，忠厚待人，强调丧葬不可效法于愚俗。刘允被赠为上柱国左金紫光禄大夫，尊为"潮州八贤"之一。

刘允的长子刘昉，于宋徽宗宣和四年（1122）考中进士，任礼部员外郎，宣和十年（1128）任太常寺少卿，又先后进直秘阁、直徽猷阁、直宝文阁和直龙图阁，世称"刘龙图"。他编写的儿科医学著作《幼幼新书》备受后人称道。次子刘景，任过台南、高雄知州。十个孙子，都以儒业显。宋朝著名的理学家、思想家、教育家、闽学派的代表人、儒学集大成者朱熹尊刘昉为师。据《潮州府志》记载，朱熹曾游潮州，拜谒刘氏宗祠，并赠联"五行金木水火土，世系公侯伯子男"。

图 3-3.8　刘氏家庙

图 3-3.9　刘氏家庙敦睦堂

（五）大司马家庙、少司马坊、翁万达墓：廉则生威翁万达

他是明代潮州乃至岭南先贤中事功最为卓著，诗文也独具特色的人物；他被张居正评价为世宗朝边臣"仅仅推公屈一指焉"；《明史》称其为嘉靖中"边臣行事适机宜，建言中

图 3-3.10　大司马家庙

肯綮之称首者"；又谓其以"廉法著称"；明世宗褒其为"文足以安邦，武足以戡乱"，誉其为国之"干城"；他的威望并没有随着时空而消减，他的声名紧跟着海外潮人的足迹远播异邦，在泰国等地被誉为"英勇大帝"，立庙祭祀多达100余处；他就是被誉为明代"岭南第一名臣"的翁万达。

翁万达（1498—1552），字仁夫，号东涯，谥襄敏，潮州府揭阳县（今汕头市金平区蓬洲村）人。他出身寒门，为明嘉靖五年

图 3-3.11　少司马坊

图 3-3.12　翁万达墓

（1526）丙戌科进士，后历任广西梧州府知府，陕西布政使，右副都御史衔巡抚陕西，兵部右侍郎总督宣府、大同、山西、保定军务，左副都御史，兵部尚书，右都御史，左都御史等。翁万达为官以清廉守法著称，他之所以有那么高的威严和声望，诚如古语所说"吏不畏我严，而畏我廉；民不服我能，而服我公；公则明，廉则威"也。他不畏权贵，秉公执法，嫉奸锄暴，后人评其"治行第一"。

翁万达去世之后，其子翁思佐将尚书府（位于汕头市金平区江街道）改建成大司马家庙。潮州府城大街的少司马坊也是为纪念翁万达而建的。翁万达墓在大埔三河汇城凤翔山麓，因为墓地前面视野开阔，晚间山村灯火闪烁，再远处韩江恰在此拐弯，船夫溯江撑船姿势如跪于舷板，故民间形容其墓穴是一处"日受千夫拜，夜观万盏灯"的风水宝地。（图3-3.10—图3-3.12）

（六）状元第和林氏家庙：极尽孝道林大钦

科举时代潮州唯一的文状元林大钦，以极尽人子之孝为世所称道。后人每拜谒位于潮州市潮安区金石镇仙都村的林大钦状元第及其祖祠林氏家庙，莫不感叹于此。

据《仙都乡族谱》所载，状元第占地面积100亩。其主体建筑面积约12亩。状元第的前庭有一个高大的石门框，两旁有一对石鼓，中间有一条宽40厘米、高35厘米的石门槛，凸显状元当年的高贵。可惜状元第原有两个主厅均遭烧毁。

林大钦（1511—1545），字敬夫，号东莆，明嘉靖十一年（1532）高中壬辰科状元。

林大钦夺魁之后授翰林院修撰，开始了短暂的仕途生涯。三年后即以"母病"为由乞归。返里之后，朝廷多次要起用他，均"屡促不就"。

林大钦事亲至孝，他任职于翰林院，"不数月而潘舆迎养"。但林母抵京后，一病不起。第二年，林大钦与时任广西梧州知府的翁万达常有书札往还。他曾在信中对其母卧病表示忧虑："老母卧病，侵寻已七八月，此情如何能言。今只待秋乞归山中，侍奉慈颜，以毕吾志尔。"在《与卢文溪编修》的信中他也说："老母病较弱，终岁药石，北地风高，不可复出矣，只得乞恩侍养。"林大钦乞归的直接原因就在于老母居京生病，他又孝心殊笃。

潮州明代先贤林熙春曾对林大钦极尽人子之孝这样描述："母安则视无形，听无声，纵寒暑不辞劳瘁；母病则仰呼天，俯呼地，即鬼神亦尔悲哀。"林大春在《东莆太史传》中对林大钦这样记述："后母以天年终，太史哀毁逾礼。及既葬，归道病，竟卒于家。"

林大钦短暂而传奇的一生以及事亲至孝的故事，几百年来在潮人中传为佳话。潮州府城大街的状元坊，也是为纪念林大钦而建。（图3-3.13、3-3.14）

图 3-3.13 林氏家庙

图 3-3.14　状元第遗址　　　　　图 3-3.15　宗山书院门坊

（七）宗山书院：知礼力行薛中离

宗山书院，又称中离书院，位于潮州市潮安区金石镇塔下村中离溪畔，是明嘉靖十一年（1532）薛侃所建，现仅存三门四柱二重楼的石门坊一座，高约6米，宽约7米，全石结构，梁柱榫卯接合，坚稳高峙，古朴壮观。（图3-3.15）坊额镌"宗山书院"，背镌"仰止"。宗山书院是薛侃在桑浦山麓构筑的讲学场所，他在书院中还专门建祠纪念其先师"阳明先生"王守仁。

薛侃（1486—1546），字尚谦，人称"中离先生"，揭阳县龙溪都（今潮安区庵埠镇）薛陇村人，被后代学人奉为岭表大宗。薛侃于明正德五年（1510）乡试中举，正德十二年（1517）得中丁丑科进士。明世宗朝，授行人司行人，后丁母忧，居中离山讲学。薛侃于正德九年（1514）在江西赣州拜入大儒王阳明门下修习心学（又称王学、良知学、姚江之学，是宋明理学的一个重要流派，对东亚学术思想影响深远）。在他的接引下，潮州众多士人纷纷拜入王门，如翁万达、林大钦、杨骥、杨鸾以及薛氏家族的薛俊、薛侨、薛宗铠等，皆是有明一代潮州之俊彦贤达，自此阳明学流播于岭南，潮州遂成为王门重镇。薛侃晚年游学江浙，会晤同门，大开讲会，探究心性之学，又寓居惠州罗浮山、西湖永福寺、东莞玉壶洞讲学传道近四年，当地从学者百余人，始闻心学正法。明嘉靖二十四年（1545），薛侃归乡后不久病卒于家，享年60岁。

薛侃学宗良知，"以万物一体为大，以无欲为至"。作为王阳明早期入室弟子，他一生致力于维护师门，弘扬师说，首抄《朱子晚年定论》，首刊《传习录》，编纂刊刻了王阳明多部学术著述，先后筑建了杭州天真精舍、潮州宗山书院，以祭祀先师，团结同道，传播心

图 3-3.16　薛氏家庙

图 3-3.17　薛侃故居

图 3-3.18　通济桥

图 3-3.19　嗣濬中离溪碑

学，为同门所推重。（图3-3.16、3-3.17）

薛侃为人耿直刚正，勇任道义，"居官则思益其民，居乡亦思益其乡"，尤其致力于乡梓建设，一生共兴修水利路桥30余处，其义举功绩至今乡人犹称颂焉。比如：疏浚中离溪、重修鸡笼径、加固韩江堤、倡建通济桥，还通过修家庙、增祭田、立祠训以及制定世袭乡约，以礼义族法教化一方。（图3-3.18、3-3.19）

同代宿儒湛若水曾这样评价："中离先生一念真切，浩然刚大之气，无愧于天地，无愧于日月，无愧于鬼神。是宜其忠义之气，在潮感潮，在惠感惠。"纵观薛侃一生，笃实践行"知行合一"良知之教，其知礼力行、义惠桑梓之德泽至今仍为后人所感念，被尊为"潮州八贤"之一。

在薛侃人格魅力的影响下，薛氏家族人才辈出，其中尤以侄子薛宗铠为著，被名宦海瑞称为"气节足以生天下正直之气"，《明史》则谓其为"直言无畏，忠耿之臣"。明崇祯十年（1637），潮州府专门在金山为薛宗铠立祠祭祀。

（八）傅氏宗祠：傅大聘倡办义庄

傅氏宗祠位于潮州市潮安区彩塘镇东寨村（傅厝），为明朝时傅大聘所倡建，祠中目前还存一块义庄碑，碑记为明朝廉吏海瑞所撰。

傅大聘，生卒年不详，字莘野，傅厝人，明嘉靖二十八年（1549）举人，与海瑞同年。他在广西苍梧县令任上，以清正廉明、勤政爱民深得民众拥戴，被称为"傅青天"。明隆庆二年（1568），海瑞经苍梧县寄宿一夜，"见衙无半点，心甚奇之，恨不能荐之（傅大聘）于朝次"。遂书"清、慎、勤"三字，制成牌匾，悬于堂上，以赠傅大聘。

傅大聘回乡后倡建傅氏宗祠，并"立义庄兴助祖祭、兴族学、济族贫、收孤异姓者"。海瑞所撰的《义庄碑记》，与明柳州八贤之首张翀所撰的《题立大宗祠碑记》同立于傅氏宗祠中。据载，"义庄"

图 3-3.20　傅氏宗祠

在文献上始见于北宋，是范仲淹在苏州任上用自己的俸禄为族人设置的慈善机构，其方式为置义田，收其租赋以赡族中之贫困者，后世多有革新，而扶危济困之宗旨则一以贯之。（图3-3.20、3-3.21）

（九）太安堂：悬壶济世柯玉井

潮州市潮安区浮洋镇井里村的太安堂旧址，相传为明朝井里人柯玉井（1512—1570）所创立。

图 3-3.21　义庄碑

传说明朝嘉靖甲子年间，潮州人柯玉井任梧州府正堂，恰遇火烧梧州，加之藤县瘟疫流行，百姓处于水深火热之中。祖传行医的柯玉井，一方面帮助民众改蓬庐屋为砖瓦房，一方面用祖传药方治愈大批烧伤者和皮肤病人。当时，御医万邦宁受"太医朱林案"株连流放广西梧州府，受到柯玉井礼遇，他们协力设医办药，救死扶伤，被当地人民传为佳话。御医万邦宁回朝升任太医院院使后，上书皇帝奏明柯玉井的政绩。明隆庆元年（1567），柯玉井叩谢皇恩，恭接皇帝恩准太医院授予的"太

安堂"牌匾和万邦宁撰编的医药典籍《万氏医贯》，回故里潮州创建
"太安堂"。

　　明隆庆四年（1570），朝廷诰封柯玉井为"奉政大夫"，并
宣之入朝述职。柯玉井不幸卒于入朝途中，享年59岁。明万历十年
（1582），潮州知府郭子章奉诏亲临柯玉井故里，为之立"大夫
第"，以表彰、纪念其勤政济民、秉德济世的功德。（图3-3.22—图
3-3.24）

图 3-3.22　太安堂

图 3-3.23　《太安堂记》

图 3-3.24　浮洋井里古村落

（十）忠节坊：金山圣王英名存

忠节坊位于潮州市湘桥区北门金山巷口，是为纪念抗元英雄、宋末潮州撧锋寨正将、摄潮州军州事马发（？—1277）而建。坊高5米，宽4米，为门洞式结构。坊额镌"忠节坊"三字，为明代曾任兴化知府的揭阳进士黄一道所书，字迹刚正厚重，遒劲有力。1987年，其被列为潮州市重点文物保护单位。

南宋景炎三年（1278），马发率领潮州人民奋起抗击元兵，元将收买南门巡检黄虎子为内应，攻陷潮州城。马发"收残卒百余人入保子城（即金山）。度不可为，令妻子自缢而死，发自焵"，满门殉节。明嘉靖十三年（1534），为纪念马发和潮州人民抗元忠节，追封马发为"金山圣王"。嘉靖十六年（1537），潮州知府郑宗古专门建"忠节坊"，以纪念马发之忠烈。（图3-3.25）

图3-3.25 忠节坊

（十一）以成公祠：迭归迭往信为先

在潮州市潮安区彩塘镇华美村的以成公祠前面，曾立有两块书法碑刻，一是《清故通奉大夫沈君之碑》，一是《沈公祠堂记》，其中记述了沈以成南洋创业、诚信经商的一段历史。（图3-3.26、3-3.27）

沈以成（1816—1869），名启丰，号俊卿，小名佳谟，华美村人。据《清故沈君家传》载：公少业贾，有奇才，能习知外洋事，兼通其语言文字，时中外互市，贾船往来，慨然有远游志。

图 3-3.26　以成公祠

沈以成后来到新加坡，与另一名潮籍华侨猴爷合开商号"万成号"发了大财。但沈以成和猴爷因为意见不合，彼此不愿见面，但又不愿将公司拆分。于是议定每人各轮流管理公司生意一年。轮到沈以成管理，猴爷就托故回"唐山"（潮州），一年后才返回新加坡。轮到猴爷管理公司，沈以成也心照不宣，托故回乡。两人轮流管理公司，公司照样年年盈利逾倍。在各自负责管理公司过程中，彼此各凭信用，确保了公司能够持续发展。沈以成和猴爷这段"迭归迭返"的经历，成为潮人诚信做人与经商的一段传奇。沈以成在新加坡经商成功之后，用心回报家国。他的儿子沈绍远等也乐善好施，捐款赈灾，深受好评，朝

图 3-3.27　清故通奉大夫沈君之碑

廷遂以纪念沈绍远祖父母之名建"急公好义坊"。

在潮人华侨中，像沈以成者代有人出，他们这种诚信创业和感恩奉献的精神也一代一代传承下来，成就了号称中国三大商帮之一的"潮州商帮"之美誉。

（十二）民不能忘坊：万民德望吴府公

"民不能忘坊"是潮州广济桥上唯一一座牌坊。据《海阳县志·建置》记载："'民不能忘坊'为太守刘浔、分司吴均建。"清代林大川《韩江记》言"道光间桥坏，郡守吴均为起大工，彻底修造，廿九年己酉夏五月告成，万民德之，建'民不能忘坊'于桥上"，以永纪念。（图3-3.28）

吴均（？—1854），字云帆，浙江钱塘人。嘉庆二十四年（1819）举人，举卓异，署盐运司运同，擢佛冈厅同知，署潮州知府。吴均性清介，治潮最久，诛盗尤严。每巡乡，辄以二旗开道，大

图3-3.28　民不能忘坊

书曰："但原百姓回心，免试一番辣手。"他化莠为良，保全弥众。从役有取民间丝粟者，立斩马前，民益畏服。在潮阳以滨海地咸卤，开渠以通溪水，筑堤六千余丈，淡水溉田，瘠土悉沃。在海阳浚三利溪，加筑北堤，为郡城保障，民咸颂之。吴均以积劳卒于官，追赠"太仆寺卿"。

吴均在潮州政声卓著，有"三不要"之誉，谓"不要官，不要钱，不要性命"也。殁后郡人建祠塑像祀之，民间尊称其为"吴府公"。同治乙丑年，廉访（对按察使的尊称）蒋叔起知潮州府，嘱司马宋华庭代撰楹联赞曰："精爽犹存，举国争传三不要；后尘难步，鲰生自愧百无能。"

（十三）侨批局（馆）：信用经营侨批业

历史上，侨批局（馆）曾经是密切联系海内外潮人最重要的载体。据《潮州志》记载，1946年汕头有侨批局73家，澄海县13家，潮阳县13家，潮安县6家，饶平县9家，揭阳县10家，普宁县5家，惠来县1家。这些侨批局多为融合中外建筑风格的华侨厝，是潮派建筑中见证潮人诚信为宗精神的文化遗产。

潮人称侨批为"番批""银信"。历史上，潮人漂洋过海出国谋生的甚多，称"番客""过番"。这些番客在海外谋生和赚钱，常常要想办法寄信和寄钱物回老家给亲人，于是就有了番批。

《潮州志·实业志》载："溯批业这源起，乃由水客递变"，"潮人出洋益众，寄款愈繁，顾水客大多冒险枭杰，时有侵蚀匿交之事。其富厚寄款之华侨乃自派人专带，兼收受亲友寄托，久之寝，成正式营业，而批馆之名仍不变也"。饶宗颐教授指出："潮州经济之发展，以华侨力量为多，而有造于侨运之发扬，应推华侨汇寄信款之侨批业。"

位于澄海区隆都镇前沟村仙地头老厝区一巷的"明德家塾"，

又称"许福成批局"，就是当年设在本地的投递批局。"许福成批局"由旅泰潮人许若明、许若德兄弟于1931在家乡兴建，取兄弟两人名字，称"明德家塾"。整座批局宅院占地6亩，坐北向南，建设面积2114平方米，是一座钢筋混凝土结构的中西结合建筑，布局为"双背剑"式楼房。内外建有房屋80

图3-3.29 澄海许福成批局

多间。正座、火巷、后包各有两条灰梯通往二楼，在二楼可畅通全座，后包两侧三楼设有更楼，外观及装饰上有较浓厚的西洋风格。大门匾额"明德家塾"四字为清末民国时期书法家、末代榜眼朱汝珍所题。许福成批局是粤东地区保存最为完整、建筑规模最大、艺术最为精美的侨批局。（图3-3.29）

潮人所经营的批局之所以深得侨心绝非偶然，其成功之处在于真真正正做到了诚信守约和忠于人事。2010年，"侨批档案"入选《中国档案文献遗产名录》；2012年，"侨批档案"入选《世界记忆亚太地区名录》。

（十四）吴祥记府第：诚信潮商名扬天下

"吴祥记"位于潮州市区义井巷，因其气势恢宏和中西融合的建筑风格，被潮州民间誉为"皇宫"。这座府第与其他潮州传统民居相比虽显年轻，但却承载着一个曾经靠诚信经营发家的商号的辉煌历史。（图3-3.30、3-3.31）

图 3-3.30 吴祥记府第屋面

图 3-3.31 吴祥记府第天井

"吴祥记"百货创立于20世纪20年代末，创办人吴雪薰是潮州府城人，幼时家贫失学，12岁便在开元街头摆地摊，后在利源街口租了一间小店开始坐店经商，不久又在载阳巷口租了另一间门市。随着生意日渐兴旺，吴雪薰在载阳巷口四周逐步扩建经营场地，发展成楼上批发、楼下零售的"吴祥记"百货商店。同时以独资和联号两种方式，在上海、广州、香港、汕头、厦门等地开设分号。由于经营方式独特，诚实守信，"吴祥记"深得顾客信赖。抗战爆发后，商品市场动荡，许多商号被迫关停，而"吴祥记"依然能够维持运转。1946年吴雪薰耗资2000两黄金，在义井巷中盖起私人宅第，因工程巨大，直至1948年才基本完工。"吴祥记"于1956年参加公私合营，成为国营百货商店。

"吴祥记"是潮人以诚为本经商的成功范例，其所体现的诚信精神正是近现代"潮州商帮"名扬天下的根本原因。

（十五）继志亭：知"礼"而因时制宜

潮州岁时多风雨，四乡六里多建雨亭供行人避雨挡风，有乐善好施者常捐资建设以惠民积德。潮州市潮安区龙湖镇塘东村的"继志

亭"（雨亭），为民国时期旅港潮商方继仁所建。（图3-3.32）

　　1948年，方继仁的父亲去世，他扶灵柩归乡安葬，遵照父亲的遗训，将办丧事节约下来的费用用于建设引韩灌溉工程"惠民涵"，建多所学校图书馆，并建了5个雨亭，统一命名为"继志亭"（分别位于灰涵、莲花地、乌树等地）。其中位于灰涵的雨亭有碑记述事如下（图3-3.33）：

　　今年春，继仁奉先君灵柩回梓安葬。遵遗训，虞礼节亲友燕会之费，以充善举。既斥资凿惠民涵，兼充实本区学校图书设备，复建雨亭五间于凤埔、乌树、桥头、灰涵、莲花地，为行者庇风雨所。孟夏经始，阅六月而亭次第成，统名之曰"继志"。我之为此，盖继承先志，亦以明继仁之志也。夫礼因时制宜，时难年荒，省虚糜以备世用，未始非达权通变利物和义之道。后之人或有以此举为是，而效之

图 3-3.32　继志亭

图 3-3.33　1948 年饶宗颐书继
志亭碑记

者蔚成风俗，则州里民习应兴革者，有不待劝而兴革之，斯继仁之愿已。是为记。

潮安方继仁撰　饶宗颐书

中华民国三十七年次戊子十月三十日

　　方继仁遵遗训，将"虞礼"中宴请亲友的费用节省下来以充善举的行为，是在特定的背景下对丧礼的大胆改革。方继仁这种知"礼"而因时制宜，"省虚糜以备世用"的做法，真真正正是"达权通变利物和义之道"，永远值得后人铭记。

CHAPTER 4

第四章

涵育善意栖居潮人理
想的人间福地

一 慈悲为怀，求真向善

潮人先贤，多以追求真善为道德归依，并以之涵育教化一方。唯有淳朴无伪之赤心、悲天悯人之善性，倾力奉献而不图回报，广济众生，离苦得乐，以营筑宜居之人间福地。潮人由此形成崇德向善，抱朴守真，救苦救难、扶危济困之潮乡理想和人文情怀，并将之镌刻于一座座宫庙堂宇中，流淌在海内外潮人的血脉里。

（一）首善之地的文化地标

登临潮州广济门城楼，眺望对岸韩山，橡木苍翠，岭表斯文，儒风习习；俯瞰脚下韩江，大河南流，上善若水，厚德载物。驻足这里，才算真真正正到了岭东首邑的潮州！（图4-1.1、4-1.2）

巍然矗立在古城潮州之东的广济门城楼，原称"广济楼"，民间俗称"东门楼"，为宫殿式三层歇山顶阁楼，始建于明洪武三年（1370），历代有不同程度的修葺，民国20年（1931）和2004年两次重修。

图4-1.1 广济楼

图 4-1.2　广济楼城门匾额

　　"广济"二字，饶宗颐《广济桥志》曰："盖缘广济桥得名。"明代姚友直《广济桥记》曰："桥曰广济，取济百粤之民，其功甚大也。"

　　广济门城楼是潮州古城连接广济桥通达四方的重要节点，潮人出入府城以及直通闽赣因之而得其便，城楼与城墙还发挥着古城防卫和作为关闸防洪等保百姓平安的功能。入得广济门，直通古时候潮州府治的中轴线大街（太平路），北面为城隍庙，中为开元寺，南为关帝庙，加上东有韩文公祠，西有海阳县儒学宫，通过这座"广济"之门，潮州子民十分容易地在古城中找寻到真与善、道与德之信仰所在，并由兹所及，将抱朴守真、积善成德的精神依归散布到潮人潮乡潮邑。

　　由此可见，广济门城楼不仅是古潮州府首善之地的标志，更如同时时刻刻在对潮人进行怀真向善道德教诲之方便法门，是维系着海内外每一位潮人乡愁记忆的一座古城的图腾。

（二）镇佑"三阳"的凤凰塔

凤凰塔又名"文塔"，俗称"涸溪塔"，位于韩江东岸，正当江水分流要冲，地势险要。始建于明万历十三年（1585），清乾隆三十年（1765）重修，1962年7月被列为广东省重点文物保护单位，1990年和2015年两次进行修葺，是"潮州八景"之一。（图4-1.3、4-1.4）

图 4-1.4　凤凰塔塔门

凤凰塔高45.8米，基围46.6米，墙厚2米多，7层8面，石砖结构。塔之第一、二层为石砌，第三层以上为砖砌，塔身中空，夹壁中有螺旋形阶梯可登顶层。凤凰塔从建筑的理念、形制、功用与装饰等方面看，蕴含着儒、释、道亦真亦善之人文精神。

图 4-1.3　凤凰塔

凤凰塔是一座"风水塔"。该塔建于北溪与韩江交汇处，水势急转，首当洪峰之冲。塔以巨型磐石为基，以自重为垂直压力，东西两翼展引石砌厢堤，组成坚固的御洪驳岸。凤凰塔在风水学上含有镇佑"三阳"平安之意义。万历年间潮州知府郭子章所书对联"玉柱擎天，凤起丹山标七级；金轮着地，龙蟠赤海镇三阳"，清楚地点明其作用和意义。

凤凰塔在装饰图案上也呈现一些佛教文化的特征。其须弥座的塔基除了镌有龙、凤、鹤、马、羊等各种祥禽瑞兽，还有佛教文化象征的莲花图饰，基座还镌刻着各种不同造型和形态的力士像。（图4-1.5）

图 4-1.5　须弥座塔基图案

凤凰塔自古是潮州府城的标志性建筑，成为韩江舟船往返之航标。但1870年，英国摄影师汤姆逊用摄影机定格凤凰塔的倩影之后认为，凤凰塔是一座起瞭望作用的塔。这也可见中西文化的差异！

站在凤凰塔上放眼眺望，古府城、韩山、金山、葫芦山和滔滔南流的韩江尽收眼底，与广济桥、凤凰台遥相呼应，更远处的凤凰山如潮州府城的背靠历历在目，风光如画，恍若仙境。几百年来，凤凰塔虽一次次经受台风、洪水、地震等灾害的考验，仍然昂然屹立。"船如梭，横织江中锦绣；塔作笔，仰写天上文章"，这座护佑着"三阳"平安的至真至善之宝塔，融自然风光、人文景观和历史胜迹于一体，永远是潮人登高览胜、游目骋怀之理想所在。

（三）潮派建筑中的佛教建筑

潮派建筑中的佛教建筑主要是宫殿式的庵寺，兼有楼、阁、塔和"石窟寺"等。其中宫殿式庵寺形式多样的琉璃饰顶雄伟壮观，庵寺主殿屋脊装饰嵌瓷巧夺天工，大门龙柱和石狮浑厚庄严，山门内外，石柱高耸，亭盖叠叠，气势磅礴。佛龛雕龙刻凤，工艺精细。或以石刻为座，再配木雕；或木雕大幅冠顶，精美绝伦。诸佛、菩萨、十八罗汉、护法神，有石雕的、木雕的、泥塑的、玉雕的、铜铸的，或坐、或卧、或立，皆惟妙惟肖，法相庄严。无论建筑、佛龛、塑像、绸幡、彩绘、油漆都由能工巧匠各施其能，尽展潮派建筑风采。（图4-1.6—图4-1.8）

这些精致的佛教建筑，成为坚持以"爱国爱教，利乐有情"为原则，传播普度众生、救苦救难精神之道场。信仰佛教者以古德为榜样，圆满自身人格，祈祷国泰民安、世界和平。

图 4-1.6　开元寺装饰精致的大雄宝殿

图 4-1.7　法会

图 4-1.8　开元寺飞角重檐歇山顶主殿

潮人佛教文化在这片土地上之所以能日益灿烂辉煌，与古今潮人檀越乐捐之善举是分不开的。这也在一定程度上对形成潮人感恩、包容的文化特质产生了深远的社会影响。人们总是能够从乐善好施、扶危济困的义举中，找寻到潮人亦真亦善的道德依归。

■二 多神崇拜，教化为魂

（一）多神崇拜、教化为魂之宫庙建筑

潮人聚居的村落，总是可见到很多供奉着不同神明的宫庙。这些宫庙作为潮派建筑的一个重要组成部分，是潮人在漫长的历史时期形成多神崇拜文化与习俗的载体，也是潮州民系充满包容精神的民间信仰之体现。

潮人除信奉道教本系诸神仙如玉皇大帝、玄天上帝、太上李老君、张天师等之外，还信奉与他们生活有较直接关联的俗神，主要有城隍神、财神、三山国王、福禄寿三星、天后、文武真君、保生大帝、龙尾爷、虱母仙、雨仙爷、公婆神等，各行各业还信奉各自的行业神。

潮人崇拜的神明，多数是历史上或传说中曾经为国为民做出贡献的道德楷模。这种多神崇拜的习俗，充满着道德教化意味，是潮州民系千百年来追求"真、善"人文精神的寄托。（图4-2.1，拼接图）

图 4-2.1　四乡六里的宫庙

（二）青龙古庙：潮府庙会传递出来的感恩精神

青龙古庙也称"安济王庙"或"安济圣王庙"，位于潮州市区南堤韩江之滨，始建于明代，距今已有400多年历史。古庙中的潮州木雕、潮绣服饰、屋顶嵌瓷等构件装饰，精致细腻，是潮派建筑文化的典范。庙中供奉着千百年来老百姓所敬仰的英雄——王伉。（图4-2.2—图4-2.4）

传说，有一年韩江水暴涨，南堤岌岌可危，险情迭现。庙前忽见青蛇群集，随后水势渐退，潮州城转危为安。故民众纷纷猜测，认为是王伉化身青蛇（俗称"青龙"）保境救民，自此更是把他当作民间大英雄来敬仰和崇拜，该庙因而称为"青龙庙"。几百年来，王伉恩泽百姓的美名传遍潮人所在的每个角落，庙中因此香火不断，后来当地人把每年农历正月十三至二十八定为"潮州青龙庙会"。2012年2月，"潮州青龙庙会"被正式列入广东省非物质文化遗产项目。

对于海外潮人而言，青龙庙是带有寻"根"性质的地域精神象征。青龙庙所在位置历史上曾是一个码头，从前"过番"的潮人，离家前总要到青龙古庙祈求庇佑，甚至包上一点庙前的"香灰"随身出

图 4-2.2　青龙古庙供奉的"大老爷"——王伉

图 4-2.3　青龙庙会

图 4-2.4 青龙古庙千香林

洋，青龙庙因此成为海外潮人守望和寄托乡愁的神圣之地。每年庙会期间，许多华侨回乡参拜，慷慨解囊，同时进行各种文化交流和贸易活动，庙会因而成为凝聚潮人潮心的重要载体。目前，越南、泰国、马来西亚、新加坡等国和香港地区华侨更把这一广东省非物质文化遗产带到侨居地发扬光大，潮州青龙庙会正渐渐演化升华为"潮府庙会"，成为海内外潮人寄托乡愁、凝心聚力的精神纽带。（图4-2.5—图4-2.7）

图 4-2.5 新加坡安济圣王庙

图 4-2.6　马来西亚槟城
青龙庙

图 4-2.7　泰国孔堤碧龙青龙庙

（三）三山国王祖庙：奉祀潮邑的"土著"神明

"三山国王"崇拜是潮人重要的民间信仰之一。据《明贶庙记》所载，三山国王"肇迹于隋，灵显于唐，受封于宋"，迄今已有1400余年的历史，揭阳市揭西县河婆镇三山国王祖庙是海内外所有三山国王庙的鼻祖。（图4-2.8、4-2.9）

三山国王祖庙又称"霖田祖庙""明贶庙""广灵庙"，位于揭西县城河婆庙角村。三山指揭西县河婆镇北面的独山、西南面的明山和东面的巾山。三山国王祖庙初奉祀三山神，受封后称为三山国王，是粤东先民创造的地方神，堪称潮邑众多神明中的"土著"。其护国庇民的精神为历代所尊崇，因而庙

图 4-2.8　三山国王祖庙

图 4-2.9 同时奉祀的三山国王夫人

祀千年不衰、香火鼎盛。每年前来拜谒祈福的各地分庙理事组织、海内外民众不计其数，历经千百年，形成了一套古老而又独特的祭典仪式。2007年，"三山国王祭典"被列为广东省第二批非物质文化遗产。2010年，三山国王祖庙遗址被批准为广东省重点文物保护单位。

（四）双忠祠：英烈崇拜灵威护邑

潮人奉祀"双忠"神明张巡、许远之习俗由来已久，四乡六里多建有祠庙崇祀。双忠祠或双忠庙最常见的门联是"国士无双双国士，忠臣不二二忠臣"。（图4-2.10）

据载，张巡和许远是唐代至德二年（757）为平息安

图 4-2.10 汕头市潮阳区东山双忠祠

禄山叛军而壮烈牺牲的忠烈之士。清顺治十八年（1661）吴颖纂修的《潮州府志》中之《军校钟英》《重建东山灵威庙碑》记载，潮之有双忠庙，有其历史由来。

宋熙宁年间，潮阳人军校钟英，受遣入贡京师，道过河南睢阳，到双忠庙祷拜。是夜，忽梦见双忠庙神明告诉他：殿后有遗像、铜锟藏于匮中，归乡时要将之带回奉祀。钟英醒后，感到十分惊异。归途复至双忠庙时，即到神明梦里所指之处的寝殿中寻看，果然得到了十二尊铜像和二支铜锟。他虔诚装运至潮阳，置放于东山东岳庙之左。钟英去世之后，民众以寺立双忠庙奉祀张巡、许远。后朝廷敕封张巡为"忠尽福济昭圣灵佑王"，许远为"善利威济卫圣孚应王"，赐庙额"灵威"，追封钟英为"嘉祐侯"。

潮人祭拜"双忠"神，正是对勇于为国牺牲的英烈的崇拜，也是潮人对"真、善"精神的弘扬。

（五）城隍庙：惩恶扬善道德警示的场所

城隍是汉族宗教文化中普遍崇祀的重要神祇之一，也是潮州民间信奉的守护城池之神。潮州市饶平县三饶城隍庙，始建于明弘治六年（1493），内设十殿阎王，通过营造展现民俗文化中的因果报应、有罪必罚的场景，进行惩恶扬善的道德警示。现为饶平县重点文物保护单位。（图4-2.11—图4-2.13）

据载，明成化十三年（1477），两广都御史朱英奉旨析海阳县之元歌、信宁等八都建置饶平县，以下饶堡（今三饶镇）为县治，初拟筑土城墙，但朱英考虑到土城不够坚实，便令烧制条砖筑砌城墙，使城既牢固又壮观。朱英在任时为民办

图4-2.11　城隍庙匾额

图 4-2.12　饶平县三饶城隍庙　　　　　图 4-2.13　城隍庙正殿

了很多好事，去世之后当地百姓感其恩德，将其奉为城隍。三饶城隍庙供奉主神是为百姓着想的好官，这种对道德偶像的崇拜又是其与众不同的地方。

（六）天后宫："海之女神"德配天

在粤东和闽南地区，"天后"（即林默，福建莆田湄洲人）崇拜之风盛行，潮人将天后视为"海之女神"，出海谋生或坐船"过番"（出国）必求天后庇佑，聚居之地多建有天后宫，民间流传着天后生前救父殉兄的故事。潮州凤凰洲天后宫有一对楹联，为清嘉庆年间撰

图 4-2.14　凤凰洲天后宫

图4-2.15　天后雕像及天后宫楹联

书，对天后进行了褒扬（图4-2.14、4-2.15）：

> 德可配天，当年救父殉兄，闽乘千秋传女范；
> 灵唯作后，此日扶危济困，海邦万古仰神麻。

■ 正德厚生，止于至善

潮人历来有乐善好施、扶贫济困的传统美德，古往今来曾涌现大批具有社会责任感、乐于奉献的慈善公益人士。诚如饶宗颐教授指出的那样，潮汕善堂文化的特色，是潮汕人现实主义处世观点融合释、儒、道的哲学思想所形成的特色文化。

全世界潮商拼搏创业，致富不忘报国。他们心系乡梓，热心慈善公益事业，成为爱心慈善的主要捐赠者。近代以来，从郑智勇、庄静庵、庄世平、谢国民、谢慧如、林伯欣、郑镜鸿等，到陈伟南、李嘉诚、林建岳、马化腾等，一代代潮商积极投身潮人故里的慈善事业，打造了一张张"慈善名片"，赢得了社会的普遍赞誉，也很好地诠释了"积善之家必有余庆"的道德精神。

（一）潮派建筑的积善教化

潮人尤重积善成德之教化，于潮派建筑之营造常可见于此之用心良苦，如堂号之命名、楹联之镌刻、家训之悬壁、碑记之撰写等等，皆堪为后人古道热肠、慈悲济世之指引。

譬如，潮州市湘桥区磷溪镇旸山村陈氏宗祠的"式谷堂"。"式谷"，语出《诗·小雅·小宛》："教诲尔子，式谷似之。"《朱熹集传》："式，用；谷，善也……戒之以不唯独善其身，又当教其子使为善也。"以"式谷堂"为堂号，其意在于教育和提醒子孙后代要做善人办善事。（图4-3.1）

潮州市潮安区彩塘镇金砂村陈氏公祠门楼的书法碑刻，则通过记述金砂村从陈默轩到陈从熙几代人善有善报的家族历史，向后人揭示

图 4-3.1　式谷堂

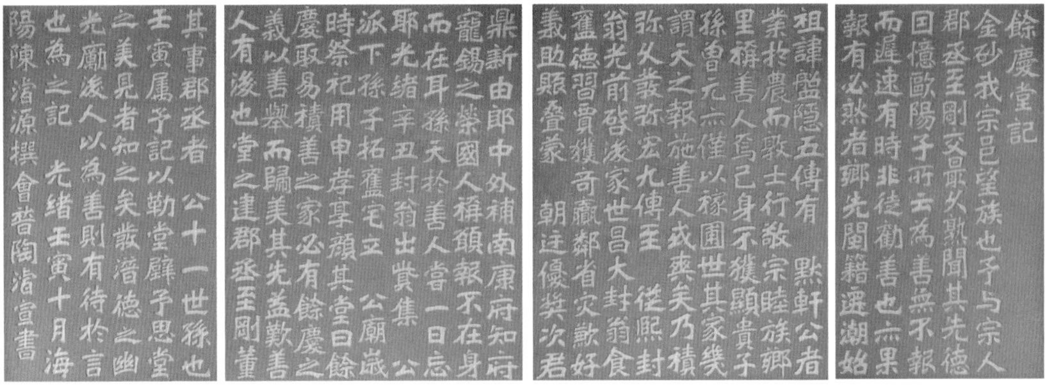

图 4-3.2 《馀庆堂记》

了"积善之家必有余庆"的深刻道理。该碑记为清代浙江会稽书法家陶濬宣所书。全文如下（图4-3.2）：

金砂，我宗邑望族也。

予与宗人郡丞至刚交最久，熟闻其先德，因忆欧阳子所云：为善无不报，而迟速有时。非徒劝善也，亦果报有必然者。

乡先闽籍迁潮，始祖讳盘隐，五传有默轩公者，业于农而敦士行，敬宗睦族，乡里称善人焉。己身不获显贵，子孙曾元，亦仅以稼圃世其家，几谓天之报施善人或爽矣！乃积弥久，业弥宏。九传至从熙封翁，光前启后，家世昌大。封翁食旧德，习贾获奇赢。邻省灾歉，好义助赈。叠蒙朝廷优奖，次君鼎新由郎中外补南康府知府。宠赐之荣，国人称显。报不在身，而在耳孙。天于善人，尝一日不忘耶！

光绪辛丑，封翁出赀，集公派下孙子拓旧宅，立公庙，岁时祭祀，用申孝享，颜其堂曰余庆。取《易》积善之家必有余庆之义。以善举而归美其先，益叹善人有后也。

堂之建，郡丞至刚董其事。郡丞者，公十一世孙也。壬寅属予记以勒堂壁。予思堂之美，见者知之矣。发潜德之幽光，励后人以为善，则有待于言也。为之记。

光绪壬寅十月海阳陈濬源撰

会稽陶濬宣书

潮州市潮安区彩塘镇水美村"大夫第"大门楼有一副对联，其意也是教育子孙后代要在为善和积德上有所作为（图4-3.3）：

守东平王格言，不外为善两字；

遵司马公家训，惟在积德一端。

上联中"东平王"指的是光武帝刘秀和阴丽华皇后所生的第二个儿子，汉明帝刘庄的同母弟弟刘苍。刘苍自幼好读经书，博学多才。刘庄做太子时，便对这位亲弟弟非常钦佩，继位称帝后，对刘苍更加器重。永平元年（58），东平王刘苍被任命为骠骑将军，留在京师辅政，位在三公之上。汉明帝曾问他何事最乐，刘苍答："为善最乐。"

下联中的"司马公"指的是北宋宰相司马光。司马光曾说："积金以遗子孙，子孙未必能尽守；积书以遗子孙，子孙未必能尽读。不如积阴德于冥冥之中，以为子孙无穷之计。"这表明司马光极为重视做人的德行，他强调德行是影响子孙后代乃至于整个家族发展繁衍最为重要的

图4-3.3 "大夫第"门联

因素。"遵司马公家训，惟在积德一端"，就是说要遵守司马光的家训，关键就是要注重个人品德的修养，做到克己利人，立德为先。

在潮派建筑中，此类教诲后人崇德向善的内容，可谓不胜枚举。

（二）潮汕善堂："大峰精神"千载传

潮人崇拜大峰祖师已有近千年的历史，"大峰精神"的传承和善堂文化的发展，正是潮人素以乐善好施而著称的体现。汕头市潮阳区和平镇的报德古堂是潮人善堂的"鼻祖"。汕头的存心善堂、善德古

堂，潮安的同奉善堂、太和善堂等，皆发源于报德古堂，都是奉祀宋代的大峰祖师。（图4-3.4）

大峰祖师，宋代僧人，俗名林灵噩，又名林通叟。北宋宝元二年（1039）生于浙江温州。绍圣二年（1095）登进士，任绍兴县令数载，愤于朝纲腐败，弃官为僧。宣和二年（1120）由福建云游到潮阳蚝坪（今潮南区和平镇），结庐桥尾山后灵豁（今灵泉寺），施医赠药，为民除病。时蚝坪有大川（练江）横截，水深流急，大峰立宏愿建桥以渡往来之众。此举甚得民心，四方善信纷纷捐钱献物。南宋建炎元年（1127）开筑，不到一年，建成16孔。但大峰操劳过度，当年十月圆寂。绍兴二十三年（1153），桥南北枕岸2孔由乡人蔡谆捐资续建。成桥共18孔，长108米，宽3米。初名"蚝坪桥"，后传说由文天祥更名为"和平桥"。（图4-3.5）

后来，当地的蔡谆腾让书斋，营建报德堂，以缅怀大峰祖师为民造福的功德。后人还于后灵豁奉祀大峰祖师。粤东地区、香港地区以及泰国、马来西亚、新加坡等潮人聚居地多建有善堂或善社崇祀大峰祖师。

海内外潮人的善堂文化以"大峰精神"倡导的慈悲济世、积德行善为宗旨，积极开展济困扶贫、施医赠药、修桥造路、抚孤恤寡、助残助学、救灾救难、收埋无主尸体、调解民间纠纷等慈善活动。在历史发展过程中，善堂逐渐演化成集释、道文化于一炉，带有宗教色彩的慈善救济机构，也成为团结联络华侨与故乡、祖国的精神纽带。（图4-3.6、4-3.7）

图4-3.4　报德古堂

图 4-3.5 和平桥

图 4-3.6 汕头市达濠区善德古堂大峰宝殿

图 4-3.7 潮州市潮安区庵埠镇
同奉善堂

（三）淇园新村：乐善好施"二哥丰"

淇园新乡位于潮州市潮安区凤塘镇淇园村，是由泰国华侨郑智勇于20世纪初所建，南面以荣禄第为主体，附以"驷马拖车"形制建筑；东面以海筹公祠为主体，左右伸展建设4个单元院宅；与南面宅平行，建有罗马式拱门二层洋楼两座，为智勇高等学校；东南二向各挖椭圆形水池，整个新乡形成中西合璧、独具一格的新型建筑格局。淇园新乡在抗战时部分厝屋遭日本飞机轰炸，其余基本保持原貌。（图4-3.8—图4-3.10）

郑智勇（1851—1937），乳名义丰，族名礼裕，晚年自号海筹。

"智勇"这个名字是孙中山1908年为他所起的,取智勇双全之意。"二哥丰"的称谓,是因其为洪门会党里的二哥(第二号人物)。潮州有俗语"生有二哥丰,死有大峰公",意指在生能得到二哥丰的帮助,死后能得到大峰善堂的照顾,喻生死都有依靠。

郑智勇在泰国发家后,乐善好施,急公好义,在南洋创办华侨报德善堂,建立培英中学,建筑华暹码头等。暹罗国王加封他为"坤帕"(伯爵),赐地建了第一座大夫第,并将一条公路赐名"郑智勇路",一直沿袭至今。

郑智勇热爱祖国,情系桑梓,在家乡淇园捐赠巨款兴办公益事业。1918年,潮州发生大地震,韩江堤围岌岌可危,他捐资几十万银圆,修建了韩江的南北大堤和江东四周堤围,还在北堤建了几个大码头,当时"二哥丰修堤"轰动了全社会,令潮人赞誉不已。为了改善家乡的交通条件,他还捐巨资建了两条贝灰路,一条自淇园新乡往东至浮洋,一条往东北至潮州,同时还捐资在淇园新乡周围5个自然村修建房屋635间,周边乡民大为受益。

图 4-3.8　淇园新乡

图 4-3.9 淇园新乡牌匾

133

图 4-3.10　智勇中学

　　1903年，孙中山先生初经曼谷，郑智勇在大夫第以贵宾的礼遇接待孙中山，拥护孙中山的主张，积极支持孙中山创立的同盟会，捐巨款资助其革命事业。郑智勇的种种真情善举，一直以来在海内外潮人中广为传颂，成为潮籍华侨中真诚奉献乐善好施的榜样。

CHAPTER 5

第五章

坚守「特、精、融」
道路的愿景

一 传承文脉，加强保育

在潮州方言里，"房屋"统称为"厝"。这古雅的词汇唤起的是一种亲切而深沉的家园感。在外打拼的传统潮州人一旦事业有成，必返乡购田地"起大厝"，庇荫乡族亲人，安居乐业，繁衍生息。四海潮人的"起厝梦"，是世世代代的家园安居梦。

自晚清以来，潮派建筑与其他地区的传统建筑一样，遭遇百年未有之变局，受到了工业化、现代化时代新建筑样式的冲击。历经百年的近现代进程和洗礼，国人的人居观念产生了巨大的变迁，农耕时代固有的生活模式日益瓦解。建筑的营造理念、形制样式、审美意趣也在激烈变化中式微——雕栏玉砌应犹在，只是朱颜改。

其实，改的又何止是家园的外观？在深层意义上，改观最大的是内在的心灵样貌。今天我们发掘、解读、阐扬潮派建筑蕴含的教化精

图 5-1.1 传统与现代建筑并立的潮乡新貌

图 5-1.2　薛侃故居已颓圮　　　　图 5-1.3　苍凉的乡土建筑（摄于赤凤）

神，并不只是意味着欣赏文物或者发思古之幽情，而是期许充分吸纳古人营造的精华，在此基础上去构筑理想的栖居，重圆乡土、家园文化振兴之梦。这宏伟的筑梦工程任重而道远，需要海内外潮人共同来上下而求索。

德国前总理施密特在《全球化与道德重建》一书中呼吁："我们应当在全球泛滥的伪文化压力面前，捍卫自己的文化特征。"

是的，越是民族的，才越是世界的。在全球化浪潮的冲击下，潮派建筑的历史文化保育任重而道远。屹立于潮人聚居地的一座座传统建筑是祖先留给我们最宝贵的物质文化遗产。

然而，由于自然的淘汰以及新建设的需要，成千上万的民居老厝日渐颓圮，无数文艺瑰宝旦夕之间成为废墟，令人扼腕。在城乡的建设过程中，还出现了对潮派建筑随意改造历史样貌、随意附加广告类的饰物、随意涂鸦彩绘、随意粉刷外观等现象，让古村落以另一种形式走向式微。（图5-1.2、5-1.3）

我们完全可以秉承"抢救、继承、运用、发展"的方针，传承改进营造法则，按照"修旧如旧"的要求，紧守"新不碍旧、装饰不碍

外观、时代谐协历史"的原则，保育活化有价值的历史建筑，特别是
传统建筑密集存在的街区和村落，这既有利于发展旅游观光产业、文
化创意产业，丰富今人的物质文化生活，更有益于培育族群的归属认
同，赓续乡土人文，为新生代奠定深厚的心灵底蕴，让他们不至于沦
为文化虚无主义者。

潮州古城是华南地区保存最好的古城之一，具有完整的古城、活
着的古城、城景融合的古城等鲜明的特征。近年来，随着国家对文化
遗产保护的重视和保护理念的更新，潮州开始尝试在保护的基础上对
古城进行合理利用，坚持"两个理念"，引领推进相关工作，人们越
来越形成了这样的共识：让年轻人愿意回到古城，潮州古城就能够永
葆活力；让文化人愿意来到古城，潮州文化就能够更好地得到延续；
让投资人愿意注资古城，潮州古城的经济价值就更加能够得到体现。

正如潮州市委书记李雅林说的，要建设文化潮州，为新时代潮州
发展筑魂赋能。就一定要坚定文化自信，深入挖掘潮州文化的内涵与
特色，推动潮州优秀传统文化创造性转化和创新性发展，把深厚的文
化底蕴转化为发展软实力，让文化之"特"成为潮州的核心竞争力。

经过多年的努力，潮州在保护规划、保护立法、专项研究和重点
片区规划、历史街区和传统建筑保护工作中，正逐步探索出"特、
精、融"的新路来。

围绕着潮派建筑做文章，从韩文公祠、牌坊街、开元寺到广济
桥一江两岸灯光秀，随着一张张潮文化名片在全国乃至全世界打
响，潮州日益成为备爱海内外注目的"网红"历史文化古城和文化
旅游目的地。

随之而来的是，古城中的一批年轻人，迈出了活化利用古城中的
潮州老厝的步伐。载阳客栈、大街小院、慢居、不老院落、载阳茶
馆等一批潮派建筑活化成功范例，既让敢于吃螃蟹的人体验了文化尝
"鲜"的快乐，也给他们带来了经营的效益，由此还带动、引领更多

的年轻人和投资者进入民宿市场，并将对潮派建筑活化的触角由城市推到了乡村。归湖的狮峰迎宾客栈、文祠的坑美客栈、凤凰的旧寮客栈等民宿，如雨后春笋般在乡下开办，也带动了乡村生态游的产业发展，助推乡村加快振兴发展。凤凰镇还通过盘活东兴村潮派建筑资源，在凤凰谷项目中主打建设潮州凤凰单丛茶文化博物馆，一举改变了千百年来凤凰单丛"有茶没有文化"——缺少一个展示单丛茶和工夫茶文化平台的历史。

二　挖掘资源，激活文化

潮派建筑作为潮文化遗产的组成部分，如同"王冠上的珍珠"一样，要保护、研究和展示，以充分发挥他们在传承文化根脉，提高族群的思想道德素质，以不断增强文化在促进和谐社会建设中的凝聚力和潜移默化作用，激活道德的熏陶功能。（图5-2.1、5-2.2）

图 5-2.1　潮安区庵埠镇宝陇村林氏家庙教忠堂

图 5-2.2　教忠堂成为道德教化的基地

潮派建筑中蕴含丰厚的伦理资源，是现代道德文明建设的源头活水。比如人与自然和谐共处的生态伦理，可荡涤今人征服自然、破坏环境的狂妄躁进心态。又如工程责任伦理，无论是工匠的斗工竞技，还是营造中的精益求精，折射出的敬业精神以及高度负责的态度，都值得我们引鉴，以杜绝时下诸多"豆腐渣"工程背后的急功近利。

总之，传统建筑是现代公民道德文明教育的活教材。当我们跨过高大的门第，进入宗祠官庙时，会不自觉萌发肃穆敬畏之心，行为就变得端庄起来。而当踏入书斋时，那氛围会让你心平气和，举止儒雅。在观赏建筑的过程中仔细品读、接受道德训诲熏陶，感悟做人的道理，比书本知识更直观活泼、更有感染力。

近年来，潮州积极探索"文化祠堂"的建设，一批祠堂通过试点推进家风、族训、族谱和先贤事迹的编修和介绍，让社会主义核心价值观的普及与乡土的优秀文化传统找到了契合点，对促进乡风文明起到了良好的示范作用。（图5-2.3）

图 5-2.3　文化祠堂引领家风和乡风

2017年1月中旬，在潮州市博物馆举办的《潮派建筑与道德文化》一书首发式暨同题图片展览，吸引了潮汕四市的专家学者和大批观众的眼球。该书从道德文化的视角观照

图5-2.4 《潮派建筑与道德文化》首发式暨图片展（吴秀霞 摄）

潮派建筑，为潮派建筑课题研究开了一个好头，让全社会进一步认识到潮派建筑是潮人"居仁由义，善意栖居"之所在，更是铭刻在潮人精神家园中的乡愁记忆，是最能维系海内外潮人的精神文化符号，对促进全社会加强潮派建筑的传承、保护和利用必将产生积极而深远的影响。（图5-2.4）

三 汲古铸今，达成愿景

当代潮人聚居地区，在加快城市化和城镇化的进程中同样面临着不少问题：城市人口密集，区域发展不均衡，乡村出现"空心化"，人们面对着诸多的家居困境，尤其是家庭破碎化所带来的一系列社会伦理问题。一个家庭伦理道德低下的人，其社会道德、公共道德意识也就可想而知了。

耶鲁大学哲学教授卡斯滕·哈里斯在其著作《建筑的伦理功能》中曾这样讲道："居住的问题

图5-3.1 古城的一些老厝渐颓圮

首先不是建筑学上的，而是伦理上的。"建筑伦理上的"乏善可陈"必导致外观上的美感缺失。

工业化大生产构造出来的"作品"千篇一律，磨灭了每个城市、乡村的个性，使其景观日趋同质化。更有甚者，各大都市成为新派建筑师们"颠覆传统"的试验场，一栋栋标新立异的建筑层出不穷，不断冲击着国人的审美习惯，破坏了历史沿袭的规划布局，最终也反过来影响到社群的礼俗良序。

因此，我们应该从潮派建筑的营造中汲取智慧，充分利用好潮派建筑蕴含的道德文化载体，着力构筑起充满家庭伦理道德的新家园，从而更好地促进明礼习让、敦亲睦族、尊老爱幼、父慈子孝、夫妻和谐等良好家风的形成。

当然，传统建筑的保护和开发永远是一对矛盾。比如，当前在对待潮派建筑古村落的开发利用，对待乡村聚落的"空心化"，以及加强传统文化的弘扬上，如何将其作为文化基因完整地加以保护？如何以历史之情怀、超前之眼光，长远地做好规划？如何正确地面对历史与现实，正确处理好经济与文化，正确看待遗产与利益的相互关系，寻找出一个适合保护与发展的两全之策？这些都是摆在我们面前亟待解决的重要课题。

不可否认，同一村落、几代同堂、邻里相望的"家族—熟人圈"共居模式在今天仍有其现实意义。潮派建筑丰富的道德文化底蕴在实现道德重建与教化中仍然具有重要的现实意义。我们必须拿出"汲古铸今"的眼光和气魄，放下现代人的傲慢与偏见，有选择地汲取古人的营造智慧来审视当下，并投入到未来的城市规划、新农村建设中去，以期再造多元而统一的文明栖居样式。这种样式至少应该是和谐统一的空间：生活与生产密切结合，人与自然高度融合，传统与现代紧密交融，代际间既能保持彼此的独立空间，又能在一定程度上克服了人与自然的对立、历史的割裂，从而实现世代道德人文的传承继替。换句话说，在自然、人文和社会的意义上才能具备可持续性，才能有效承继城市化带来的人居道德困境。

图 5-3.2　一个堂号就承载着一个家族的优良传统

比如潮州市潮安区庵埠镇的文里村，是一个有着900多年历史的古村落，村中杨、谢、郑、蔡、陈、庄、李、柯、许、鄞等十姓聚族而居。在推进文明村居建设中，文里村将潮派建筑的元素植入到现代建筑上，以现代与传统相结合模式建设坐落于新安大道两侧的商业铺面，既传承潮派建筑文明，又展示庵埠作为城区窗口的形象，让优秀的建筑文化传承发扬。（图5-3.3）

又如位于潮州古城载阳巷的"载阳客栈"，是一所将一落潮州民居"大夫第"盘活而成的客栈。步入载阳巷，客栈的八卦金漆木门和屋檐下的金漆花鸟木雕首先映入眼帘。木门额匾上镶金的"大夫第"

图 5-3.3　传统与现代结合的文里村城镇化建设

图 5-3.4　载阳客栈

透露出儒雅之气。客栈依照原先古民居的"四点金"建筑风格改造为客房，其他所有的建筑格局保持不变，成为激活、利用好潮派建筑的典范。（图5-3.4）

总之，对理想栖居环境的追求，始终是人类生存和发展的永恒主题。建筑正是这种追求创造的结晶，伟大的建筑必定符合"善"和"美"的理想，并深深扎根于文明的传统。孟子说："仁，人之安宅也；义，人之正路也。旷安宅而弗居，舍正路而不由，哀哉！"在先贤的"理想国"中，"道德"才是人真正的归宿。人类只有居住在由"仁"构筑起的广居安宅中、行走在以"义"铺就的正路大道上，才能真正安身立命。

CHAPTER 6

第六章

潮派建筑：点石成金
的活化探索之路

近年来，笔者对潮州古城和乡村一些涉及潮派建筑活化的案例进行了调查研究，感受到当下在各级各部门的重视和引导下，在社会各界的共同努力下，这方面一些积极、有益的探索，都有着"化腐朽为神奇"和"笔墨当随时代"的意义。我们欣慰地看到，潮派建筑作为潮文化的一笔宝贵遗产和财富，在城乡发展中正在不断发挥独具魅力的资源优势，为国家历史文化名城加快"特、精、融"的建设步伐，为留住海内外潮人共同的乡愁记忆带来新的希望。

潮派建筑活化案例：
一　对话陈泓：解读活化潮派建筑的密码

陈泓，男，80后，毕业于南京炮兵学院，英语专业。他自2016年开始参与潮派建筑的活化探索，先后参与主持了大街小院、慢居、木棉公馆、狮峰村迎宾客栈"四点金"院落等民宿的设计、建设和经营。

2020年盛夏的一个晚上，笔者与陈泓相约在木棉公馆（图6-1.1）喝茶，开始了一场有关潮派建筑活化利用工作和潮州民宿业态的对话。

图 6-1.1　木棉公馆门面

李仲昕：陈泓你好！很高兴能够在潮州上东平路这座充满民国风情的木棉公馆一起喝茶，请你谈一谈如何做好潮派建筑的活化，特别是如何将潮州厝打造成民宿等话题。

陈泓：我是2016年12月开始参与潮州古城民宿的打造的。之前大学毕业之后，和同学合作创业有几年，主要从事婚纱和音响等生意。首个参与打造的是汤平路的"大街小院"，将那里的8间潮州老厝设计改造为民宿，后逐步扩大规模至12间，最后达到20间，应该说至目前为止，仍然是牌坊街附近体量较大的一家民宿。（图6-1.2—图6-1.9）

（"大街小院"一开张便经常住满，这让陈泓和合作伙伴信心大

图 6-1.2　大街小院改造前之一　图 6-1.3　大街小院改造后之一（青石板路）

图 6-1.4　大街小院改造前之二　图 6-1.5　大街小院改造后之二（客房）

图 6-1.6　大街小院改造前之三　图 6-1.7　大街小院改造后之三（露天前院）

图 6-1.8　大街小院改造前之四　图 6-1.9　大街小院改造后之四（秋千茶亭）

增。三个月后，陈泓等又同时启动着手打造上东平路的木棉公馆和义井巷的"慢居"。）

　　陈泓："木棉公馆"原来是一座民国时期的华侨厝，是小洋楼的格局。民国时期，曾经改造为潮州城四家著名旅馆之一的"华春旅社"。近年经市党史部门的专家考证，据说当年中国共产党许多高级干部通过红色交通线北上，途经潮州便入住在"华春旅社"附近。（图6-1.10—图6-1.12）

图 6-1.10　木棉公馆空中花园

图 6-1.11　木棉公馆中的黄包车等民国风情装饰和摆件

图 6-1.12　木棉公馆大堂

陈泓："慢居"原来为潮州厝"下山虎"的格局，是一处已有近200多年历史的"儒林第"，屋主是清朝的红顶商人，主要是经营百货的。（图6-1.13—图6-1.15）

图 6-1.13　由儒林第打造的"慢居"民宿之一

图 6-1.14　由儒林第打造的"慢居"民宿之二

图 6-1.15　由儒林第打造的"慢居"民宿之三

图 6-1.16　慢居改造前之一

图 6-1.17　慢居改造后之一

图 6-1.18　慢居改造前之二

图 6-1.19　慢居改造后之二

李仲昕：从你的角度来看，潮州老屋改造成民宿，难吗？

陈泓：潮州厝作为传统建筑，打造成民宿比较容易做出味道，这是潮州厝自有风格决定的。"慢居"属于清代的建筑，在设计时主要是考虑还原老房子的本质风味，再在原有的基础上，增配洗手间、马桶，改变老房子光线不足的问题，加强采光和整体色调的调整，适度考虑暖色调，克服一些人感觉老屋比较"阴森"的印象。（图6-1.16—图6-1.23）

图 6-1.20　慢居改造前之三

图 6-1.21　慢居改造后之三

图 6-1.22　慢居改造前之四　　　图 6-1.23　慢居改造后之四

　　李仲昕：你并不是建筑设计科班出身，但一试水便一发而不可收拾，你是如何做到这一点的？

　　陈泓：为了扩大自己的眼界和视野，提升自己改造潮州老厝的设计水平，我们经常走出去。全国各地都跑，苏杭、凤凰古城等地都去过，其他地方的古城、古镇、老屋如何活化，有什么特色，我们是带着问题去偷师的。对于民国风的民宿，我们也跑到广州沙面、厦门鼓浪屿、上海外滩等地去考察参观。确实，外面有许多成功的案例值得我们借鉴。

　　李仲昕：打造民宿和做酒店业，有什么异同？

　　陈泓：做民宿和做酒店最大的不同是，酒店希望客人住进去觉得房间舒适。但民宿，除了要考虑房间的舒适性，更要考虑民宿公共区域的打造，一定要对客人有足够的吸引力，通过天台、茶座、闲间、厅堂的设计，才能够将客人从房间"请"出来，让他们将民宿当作度假和休闲的佳处，不仅仅只是入住睡一觉，而是有更多的时间坐下来品茶，品潮州文化。而客人与客人间在公共区域的"偶遇"和交流，本身也是民宿的一道风景线。（图6-1.24、6-1.25）

图6-1.24 民宿悠闲体验区域　　　图6-1.25 狮峰村迎宾客栈公共悠闲区域

李仲昕：老屋的打造，最大的挑战性是什么？

陈泓：老屋多属危房，修复确实不容易，费工费时，投入大。就如我们现在喝茶的木棉公馆，当时用了8个多月的时间才修好，还专门请了专业的人员来对整体的楼房进行科学的加固。在我们之前，据说有10多家来洽谈，但最后都望而却步。但我们经过评估之后，看中这个点，靠近韩江，楼顶的房间还可以看见笔架山、广济桥和古城楼，是难得的卖点，所以虽然修复难度大，但还是拿下来了。开业之前，我们在这里试睡，晚上听韩江过往的舟声阵阵，觉得真是蛮有诗意的。（图6-1.26）

图6-1.26 木棉公馆天台客房和景观

　　慢居当时修复了7个多月，也属于木结构的危房。对这类潮派风格的老房子的改造，最重要的是要请到好的木工师傅。当年我们到处物色匠师的人选，真的太难了，到处找才找到了5位，都是50多岁的，其中年龄最大的已68岁。只有这些以前的老工匠，他们才懂得老房子修复如何"排桁钉桷"。（图6-1.27—图6-1.31）

　　我们是年轻人，在改造老房子时，会考虑在不影响老房子整体的格局基础上，做出更符合当代人居住习惯的必要调整，但是老师傅们都比较正统，一开始与他们沟通非常困难。他们做了大半辈子的匠师，突然要由几个后生人来指手画脚，起初总是听不下。我们和老师傅经过一次一次的磨合碰撞，才逐步达成共识。慢居首先是做"前厅"，老师傅们后来也觉得效果很好。（图6-1.32、6-1.33）

图 6-1.27　潮派建筑改造为民宿施工现场之一

图 6-1.28　潮派建筑改造为民宿施工现场之二

图 6-1.29　潮派建筑老匠师之一

图 6-1.30　潮派建筑老匠师之二

图 6-1.31　潮派建筑老匠师之三

图 6-1.32　慢居天井和前厅改造后　　图 6-1.33　慢居前厅效果图改造后

　　李仲昕：听说潮安区在推进归湖镇狮峰村的社会主义新农村建设中，你还参与了该村迎宾客栈的设计与建设工作？

　　陈泓：狮峰村是省定贫困村，在各级的重视下不断加快新农村建设，迎宾客栈是由乡贤詹建怀先生捐资修复的老房子，我主要是参与了那座"四点金"院落的设计，用了3个多月的时间。我们当时是将其定位为度假的民宿，就是要让住客远离城市，到乡村作休闲的体验。迎宾客栈"四点金"院落，共有8间房，当时多数漏雨，于是我们对这个院落全面进行了屋顶翻修，桁桷都换新的，但大格局并没有改变。（图6-1.34、6-1.35）

图 6-1.34　狮峰村迎宾客栈"四点金"院落　　图 6-1.35　狮峰村通过修旧如旧，将潮派建筑改造为迎宾客栈

不过，我们在细节上也有一些探索和创新。一是原来阁楼都是木结构，我们大胆改用钢结构，主要是考虑更加安全，造价也更便宜。还对钢结构进行了必要的装饰，外观上看起来与原来的木结构无异。二是靠近客厅（冲茶的厅堂）的客房与厅间原来是用木质结构作墙，隔音效果差，我们也进行了调整，改用砖墙，外墙再用木质材料进行软装，还是基本保留了原来的样貌。（图6-1.36）三是客厅那个位置，按照村民原来的习惯是要摆八仙桌的，不适宜泡茶之用，我们也进行了调整，改用茶床代替八仙桌。有意思的是，那张茶床其实是从村里找来的一张废弃老门板，上了清漆，用起来觉得也很有品位。四是"四点金"入门左侧原来设有一个做饭的炉灶，一开始有人建议继续配设厨具供住客做饭，后来我们还是没有采纳这个思路，因为咱们潮州传统讲究进门不要看见炉灶，那个地方的炉灶也是后来村民因陋就简的不得已的改造。加之在民宿中做饭，油烟也大，还是会对环境卫生和其他住客造成干扰和影响。在装饰上，尽量就地取材，多搜寻一些当地找得到的老物件来作摆设。如用附近找到的废弃木槽、古槽种花，效果也是很好。（图6-1.37）

图 6-1.36　迎宾客栈"四点金"院落客厅　　　　图 6-1.37　巧用废旧木槽种植花草

图 6-1.38 迎宾客栈盘活狮峰村潮派建筑资源，探索农房风貌管控新路子

李仲昕：这个点的选择有碰到什么困难和问题吗？

陈泓：狮峰迎宾客栈，涉及当地村民40多户人家。当时村里要动员村民将老房子出租，还是面临着很大的阻力的。最初开始与村民谈"四点金"院落的使用权问题，那8间房是4户人家的，其中两三户不同意，村民们觉得按照农村的传统，将祖业出租用来改造，不太适宜！工作做不下去，只能改谈另一个区域。好在有各级各部门和村委积极做村民工作，后来那个区域的村民思想都通了，修复到一半时，"四点金"的户主们觉得效果真的很不错，才提出同意出租进行修复。等到全面修复完工的时候，村民们都开心得很。

狮峰村这些老房子的活化有几大好处，一是老房子（有的已逢雨必漏）出租给村里，户主每年能够得到相应的租金。二是老房子打造成民宿之后，村里转包给我们经营，村集体也便增加了收入。三是民宿经营过程中，我们聘用了一些贫困户和其他一些杂工，让村民也可以增加收入。四是随着旅客增加，村里的农副产品销售也带旺了。（图6-1.38）

李仲昕：这些年参与了这么多的潮派建筑改装为民宿的工作，有什么体会和经验可分享给大家？

陈泓：我们的最大体会是，修旧如旧是大原则，但不能教条主义。潮州厝大的结构不宜大改，但软装还是要适当调整，使之更适合现代人的居住习惯和审美观念。

我走过许多地方，住过不少农村的民宿，知道农村民宿的打造，有一种认识是，游客来了主要是体验农村的味道，房间简陋一点无所谓。在这一点上，我是持保留意见的。

我们认为，民宿区别于一般的酒店在于其休闲度假的功能定位。因此，要重视房间的标准化，功能性、舒适性要对标酒店的做法，床上用品、家具电器和卫生间设备都要向酒店靠拢，但一定不能够忽略民宿公共区域的打造，那可能才是最能留住人，让人能够记住乡愁、留下美好回忆的根本所在。（图6-1.39—图6-1.42）

图6-1.39　狮峰迎宾客栈民宿床上用品

图6-1.40　狮峰迎宾客栈民宿卫生间

图6-1.41　狮峰迎宾客栈客房的客厅

图6-1.42　狮峰迎宾客栈的公共区域

李仲昕：在潮州做民宿业，竞争大吗？潮州城乡有大量的"空心化"的旧屋老厝，要怎么才能更好地盘活利用？

陈泓：潮州的民宿业态，比起发达地区，起步慢、体量小。全市通过改造潮派建筑投入营业的民宿总共才不到200家，比起厦门的2000多家，不可同日而语。作为从业人士之一，期待随着潮州国家历史文化名城的金字招牌打得越来越响，能够吸引海内外的游客前来潮州度假旅游，有更多的人投资经营民宿。

老房子，要有人使用，才不会荒废。一定的竞争，才能推动潮州民宿的设计、经营走上更高的台阶。这些年，我也是不断通过加强学习，提升自己的审美水平和经营能力的。在潮州，许多高水平的同行最后往往并不是竞争对手，而是成了好朋友。此外，做大潮州民宿市场，还能够吸引更多年轻人来学习潮派建筑营造的手艺，这样，上一辈的匠师老了之后，才不会出现技术上的断层。（图6-1.43）

图6-1.43　以潮派建筑改造成的民宿客栈成为海内外游客旅游度假的好去处

潮派建筑活化案例：

二 后河古村盘活成文旅目的地

潮州市潮安区凤凰镇东兴后河村位于凤凰镇南部方向，距离镇政府驻地约1.2公里，由桂板、大厝、下园、雨洋、祠堂、书斋、东厝、后头厝8个自然村落组成，始建于1516年。东兴后河村是广东省省级古村落，至今保存着

图 6-2.1　东兴村大夫第修复改造前

众多明代至民国初年的潮派民居建筑。但是，随着时间的推移，村里的一些传统建筑也面临着闲置、荒废乃至坍塌的困境。（图6-2.1）

2018年，凤凰镇着手尝试对东兴村原来闲置的后河陈氏宗祠进行活化利用，在不改变整个陈氏宗祠外观的情况下，因地制宜建设功能性配套，成为潮州市第一个乡村振兴讲习所，也是全市第一个建成启用的镇级党校规范化建设场所。一炮打响，让后河村群众看到了老房子修复利用的价值和希望。（图6-2.2）

作为省级古村落，后河村拥有两三百间古民居，多数精致如别墅，有些还荟萃了木雕、嵌瓷、彩绘等潮州民间工艺的精华，但大部分却因年久失修而荒废多年。如果不及时进行抢救性的活化改造，未来不到十年时间，六成古民居将倒塌。（图 6-2.3—图6-2.5）

凤凰镇以推进茶旅小镇建设为契机，依托凤凰谷项目的科学规划，切实加大了东兴后河古村落潮派建筑资源盘活的力度。经过前期科学合理的知识普及，老房子活化利用改造得到了大部分村民的踊跃支持，大家希望祖宅能经改造后重焕光彩。经多番协商，项目方终

于取得所有旧房屋屋主信任，签下20年的租赁合同。（图 6-2.6—图 6-2.7）

图 6-2.2 凤凰镇东兴村陈氏宗祠和门外旷埕分别改造为乡村振兴讲习所和东兴村文化广场

图 6-2.3 东兴村老厝区改造前之一

图 6-2.4 东兴村老厝区改造前之二

图 6-2.5 东兴村老厝区改造前之三

图 6-2.6 凤凰谷项目潮派建筑修复前 图 6-2.7 凤凰谷项目潮派建筑修复后

凤凰谷文旅项目规划占地总面积约150亩，计划3年总体建成。依托东兴村丰富自然优势及保留完整的人文历史古村落资源，将单丛茶文化融合特色民俗，主要包含了凤凰单丛茶博物馆、凤凰民俗文化陈列馆、后河民宿客栈等。

其中，潮州凤凰单丛茶博物馆项目占地面积7500平方米，总投资2500万元。昨日杂草丛生，危房耸立，一片荒凉的景象，经过修旧如旧的修葺改造，只见守信公祠已恢复旧貌，大夫第、卧云草堂等又气宇轩昂地呈现在人们面前，连屋前的水塘也变成了园林式的栈道。（图6-2.8—图6-2.12）

图6-2.8　修复中的凤凰单丛茶博物馆之一

图6-2.9　修复中的凤凰单丛茶博物馆之二

图6-2.10　修复中的东兴村大夫第

以大夫第和守信公祠为主体打造的潮州凤凰单丛茶博物馆综合体共分为8个馆，分别为凤凰单丛茶文化展馆、凤凰单丛茶博物展馆、"茶王"——宋种1号陈列馆、潮式生活体验馆、凤凰单丛茶研学

图6-2.11 卧云草堂修复前

图6-2.12 卧云草堂修建后

教育基地、茶主题文创中心、茶乐园和潮文化"大家"工作坊。除了文化与文物的展示，还有单丛茶研学教育基地、茶主题文创中心、茶乐园、潮文化"大家"工作坊、潮式生活体验馆这样体验感和现代感很强的板块。在博物馆里还将展示凤凰茶区现存最古老，从南宋到今天，树龄超过600年的"茶王"——宋种1号。让观众从走进凤凰单丛茶博物馆那一刻起，就全身心地投入到凤凰单丛茶的历史长河之中。凤凰单丛茶博物馆成为活化潮派建筑的又一重要案例，其通过系统收藏及展览单丛茶文物、研究工夫茶文化、开展茶事活动，讲好潮州凤凰故事，向世界展示中华文化，自信传播凤凰单丛茶文化，成为世界潮人"寻根"的重要载体，将成为凤凰茶旅小镇一个主体功能区和新的标志性打卡地。（图6-2.13）

图6-2.13 凤凰单丛茶博物馆展出的宋种1号标本

与此同时，后河古村落继续加快古民居活化建设为民宿的步伐，将其

作为推进"三产"融合，为游客提供独具凤凰特色旅游体验的重要载体。随着这些民宿的建成，凤凰镇正以其丰富多彩的自然人文等资源禀赋，成为潮州独具魅力的文旅目的地。（图6-2.14—图6-2.17）

图 6-2.14　凤凰单丛茶博物馆鸟瞰图

图 6-2.15　凤凰单丛茶博物馆天井

图 6-2.16　凤凰单丛茶博物馆一角

图 6-2.17　凤凰单丛茶博物馆展厅

潮派建筑活化案例：

三 凤凰旧寮村落活化在行动

驱车自"潮州西"高速公路入口进入潮漳高速，至潮安区文祠镇下高速公路，转省道231线向凤凰镇方向行驶，按照导航的指引开到凤凰旧寮，时间还不到40分钟。旧寮，是凤凰镇上春村的一个自然村。

2015年以前，通往旧寮的那条弯弯曲曲的羊肠小道还没有硬底化，后来在潮安区的重视下，终于铺了一条水泥路，人们前往旧寮从此再也不用视为畏途了。

隐于深山原始森林中的这个小村落，原来住着13户人家，常住人口只有几十人，多以种茶为业。据说，村里近年发现了一棵已有100多年的"老水仙"古茶树，可是因为缺乏养护，已如人之垂暮。改革开放以来，村民大多外出打工或整家外迁，现如今，村里的实际居住人口已不足10人，且多是留守的老人。（图6-3.1）

图 6-3.1 隐藏在深山中的凤凰镇上春旧寮自然村严重"空心化"

一些用小石块垒起的房子尚算坚固，而那些用"土角"砖砌起的土屋子，由于少了主人看管，早已濒临坍塌。已经严重"空心化"的旧寮，正紧跟着岁月的脚步加速老去，令人叹息不已。

2018年，一位驴友游山玩水至此，被这潮汕地区难得一觅的原生态村落所打动，决定以村民的旧房进行修葺，着力将其打造成一处世外桃源般的纯正清新、朴实自然的幽居民宿，因附近有海棠花常年绽放，遂名之曰"海棠花谷"。（图6-3.2）

费了一番工夫之后，旧寮的一座两层楼石头房子，被打造成两层三房一厅一厨一卫家庭型小楼房"雅阁"。另一间已经坍塌的平房连着厨房，经过翻新改造，化身为一间带有浪漫情怀、既怀古又有民族风的套房，让山外的访客随时可以来到大山里度过一段难忘的村居生活。（图6-3.3—图6-3.8）

图 6-3.2　修复中的凤凰镇上春旧寮民居

图 6-3.3　旧寮民居阁楼过道成为品茗、读书、赏风景的悠闲角

图 6-3.4 旧寮部分阁楼被拆除改造成
民宿客厅，提高了通风性和采光度

图 6-3.5 "雅阁"民宿客厅

图 6-3.6 民居阁楼改造为"雅阁"
客房

图 6-3.7 经过改造，旧寮套房"守拙"
格调不亚于酒店

图 6-3.8 旧寮平房外搭建的"灶下"改造成套房"守拙"的卫生间

第六章 潮派建筑：点石成金的活化探索之路

屋外，还因地制宜，依山形地势筑坡顶露台一个，让访客在这里不但可以观景听泉，也可以品茗聚餐，更可以尽情地沐浴阳光、看书、发呆……感受大山里的云海人间！（图6-3.9）

"海棠花谷"一经网上推广，迅速成为当地闻名的网红民宿。目前，宿主已与村民达成新的协议，盘下村里的另外400多平方米的老屋，着手第二轮的民宿翻修改造。

图6-3.9　旧寮"海棠花谷"民宿露台成为游客观景听泉的好去处

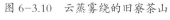

图6-3.10　云蒸雾绕的旧寮茶山

与此同时，宿主还通过与旧寮的茶园主人合作，指导他们按照绿色无公害凤凰单丛茶的要求进行生产，作为民宿专供的放心茶，为当地的茶叶打开了销路，带动茶农致富奔康。

旧寮茶叶的销路打开了，当地的茶园、茶树得到了更生态科学的管养，那棵100多年的老丛水仙就像旧寮的老屋一样，正在焕发出新的生机。（图6-3.10、6-3.11）

图6-3.11 旧寮的茶山正逐步焕发生机

结语

潮派建筑与先贤的栖居理想是一脉相承的。潮人祖祖辈辈由迁于斯到生于斯、长于斯、老于斯、逝于斯、享祀于斯，他们不懈地努力，营造出属于他们的房屋建筑，耕耘出属于他们的文明乐土，这完美地诠释了"居仁由义"的营造伦理。

让营造的道德文明世代传承，让构筑的善美居所荫庇四方，这是海内外每一名潮人守望"家己人"精神家园的共同责任与愿景。

参考文献

［1］黄挺、陈占山：《潮汕史》，广东人民出版社2001年版。

［2］蔡海松：《潮汕乡土建筑》，文化艺术出版社2010年版。

［3］蔡海松：《潮汕民居》，暨南大学出版社2012年版。

［4］林凯龙：《潮汕老屋》，汕头大学出版社2004年版。

［5］林凯龙：《潮汕老厝：四海潮人的心灵故乡》，三联书店2013年版。

［6］潘莹：《潮汕民居》，暨南大学出版社2013年版。

［7］孙大章：《中国民居之美》，中国建筑工业出版社2011年版。

［8］雷铎：《十分钟风水学》，花城出版社2013年版。

［9］黄赞发：《潮汕先民与先贤》，潮汕历史文化研究中心2000年。

［10］潮州海外联谊会编：《潮州胜概·名胜篇》，花城出版社2009年版。

［11］潮州海外联谊会编：《潮州胜概·名贤篇》，花城出版社2009年版。

［12］郑智勇、欧俊勇、吴孟显、吴忠文编著：《潮汕古代名人》，暨南大学出版社2011年版。

［13］王琳乾、黄方德：《潮汕史事纪略》，潮汕历史文化研究中心1999年。

［14］杨群熙：《华侨与近代潮汕经济》，潮汕历史文化研究中心1997年。

［15］杨义全：《潮汕自然概览》，潮汕历史文化研究中心1997年。

［16］隗芾：《潮汕诸神崇拜》，汕头大学出版社1997年版。

［17］杜桂芳：《潮汕海外移民》，汕头大学出版社2011年版。

［18］蔡英豪等编：《程洋冈村》，岭南美术出版社2013年版。

［19］李绪洪：《潮汕建筑石雕艺术》，广东人民出版社2006年版。

［20］陈晓东、适庐：《潮汕文化精神》，暨南大学出版社2011年版。

后 记

潮州，一座充满人文积淀的国家历史文化名城！

千百年来，凝聚着潮人营造智慧的潮派建筑，遍布历史上的一府九邑，那是海内外潮人共同的精神家园和乡愁记忆。

作为历代潮人在长期的生产生活和营造实践中不断总结和发展的产物，潮派建筑与全国各地不同建筑流派一样，都是中华民族优秀文化遗产的结晶。

在历史演变过程中，因为受到独特的地方人文和环境因素的影响，潮派建筑在精神意蕴上呈现出很多有别于其他建筑流派的特质，这也正是其在当下越来越焕发出魅力的原因所在。

今天的潮州，与潮文化区域粤东各市正并驾齐驱，加快振兴发展、科学发展、跨越发展的步伐。在实现现代化、城镇化的进程中，潮派建筑作为潮州文化的重要组成部分，将越来越散发出独特而迷人的魅力；而道德教化作为潮派建筑的灵魂，对正在深入推进的公民道德教育和社会主义核心价值观的弘扬，也将是一种取之不尽、用之不竭的文化资源和精神财富。

2015年12月20日，习近平总书记在中央城市工作会议上讲话时强调，城市建设，要让居民望得见山、看得见水、记得住乡愁。"记得住乡愁"，就要保护弘扬中华优秀传统文化，延续城市历史文脉，保留中华文化基因。要保护好前人留下的文化遗产，包括文物古迹，历史文化名城、名镇、名村，历史街区、历史建筑、工业遗产，以及非物质文化遗产，不能搞"拆真古迹、建假古董"那样的蠢事。既要保护古代建筑，也要保护近代建筑；既要保护单体建筑，也要保护街巷街区、城镇格局；既要保护精品建筑，也要保护具有浓厚乡土气息的民居及地方特色的民俗。

我们试图通过"潮派建筑"这一文化概念的提出和初步研究，唤起人们对潮乡厚土之上的传统建筑认知，推动全社会加大对潮派建筑的保育、活化、研究和传承，这也是新时代潮州建设沿海经济带上的特色精品城市的历史使命所在。

从参与《潮派建筑与道德文化》一书的编撰到《潮派建筑》这本小册子的出版，至为重要的是有各级有关部门和相关领导的高度重视和支持，谨此致以崇高敬意。

借此机会，要特别感谢《潮派建筑与道德文化》一书的策划林伦伦教授，已故著名学者、总顾问雷铎教授，主编黄得兴先生，因为有他们的带领，才使"潮派建筑"这个课题的研究得以迈开小小的步伐，正是在这个基础上《潮派建筑》这本小册子才得以以普及型文化小丛书的形式出版。

还要感谢为这本小册子提供了原始素材、文字资料、摄影照片和其他形式帮助的黄挺、蔡海松、林凯龙、陈椰、陈嘉顺、陈传荣、余韩子、林庆华、李煜群、马卡、李健文、黄岳平、曹煌煌、张伟雄、陈国豪、李炳炎、陈志伟、温亿中、杨焕钿、罗星、戴冰、洪楚忠、陈利江、林进新、郑雪峰、丁勇、郑润扬、王几凡、卢芝高、吴维清、王维元、林映涛、吴峻明、洪生海、陈兴杰、吴秀霞、陈秋晓、郑楚群、余献民、张声金、郑惠铨、行健、杨旭坤、杨焕新、辜江枫、吴福昌、黄春亮、辜锦秋、陈充乐、陈鸿、杨佩生、曾爱文、陈彦玲等。对本书编撰过程中所借鉴的参考文献及其编著者，以及部分资料引白网络但未能确认作者的，在此也特别鸣谢。

由于时间仓促，加上编著者水平所限，本书虽然进行了系统的审核和校对，但错漏之处仍在所难免，敬请广大专家、读者批评指正。

编　者

2020年8月